멘사 논리 퍼즐

Mensa Logic Brainteasers
by Philip Carter and Ken Russell

IQ 148을 위한

MENSA
멘사 논리 퍼즐
PUZZLE

필립 카터 · 켄 러셀 지음 | **최가영** 옮김
멘사코리아 감수

보누스

흥미로운 퍼즐로 논리적 사고를 키우다

《멘사 논리 퍼즐》은 특별한 지식이 없어도 재미있게 즐길 수 있는 퍼즐이다. 때로는 문제마다 주어진 조건들이 당신을 괴롭힐지도 모른다. 하지만 해답으로 가는 길은 반드시 있으니 낙담할 필요는 없다. 각 문제의 재미난 이름은 힌트 혹은 함정이 될 수 있으니 참고하시길.

당신을 헷갈리게 만드는 문제는 논리적 사고를 키워주고, 기발한 문제는 창의력을 꿈틀거리게 할 것이다. 문제를 풀려면 복잡하고 다양한 단서들을 모아 상황을 재구성해야 한다. 주어진 단서들은 문제를 푸는 과정을 더욱 흥미롭게 만들 것이다. 하나둘씩 정답을 찾아내는 재미가 쏠쏠하니 끈기를 가지고 풀어라. 오랫동안 멘사 퍼즐 전문가로 활동하고 있는 필립 카터와 켄 러셀의 퍼즐이 당신을 짜릿한 퍼즐의 세계로 인도할 것이다.

로버트 알렌
영국멘사 출판 부문 대표

내 안에 잠든 천재성을 깨워라

영국에서 시작된 멘사는 1946년 롤랜드 베릴(Roland Berill)과 랜스 웨어 박사(Dr. Lance Ware)가 창립하였다. 멘사를 만들 당시에는 '머리 좋은 사람들'을 모아서 윤리·사회·교육 문제에 대한 깊이 있는 토의를 진행시켜 국가에 조언할 수 있는, 현재의 헤리티지 재단이나 국가 전략 연구소 같은 '싱크 탱크'(Think Tank)로 발전시킬 계획을 가지고 있었다. 하지만 회원들의 관심사나 성격들이 너무나 다양하여 그런 무겁고 심각한 주제에 집중할 수 없었다.

　그로부터 30년이 흘러 멘사는 규모가 커지고 발전하였지만, 멘사 전체를 아우를 수 있는 공통의 관심사는 오히려 퍼즐을 만들고 푸는 일이었다. 1976년《리더스 다이제스트》라는 잡지가 멘사라는 흥미로운 집단을 발견하고 이들로부터 퍼즐을 제공받아 몇 개월간 연재하였다. 퍼즐 연재는 그 당시까지 2, 3천 명에 불과하던 멘사의 전 세계 회원수를 13만 명 규모로 증폭시킨 계기가 되었다. 비밀에 싸여 있던 신비한 모임이 퍼즐을 좋아하는 사람이라면 누구나 참여할 수 있는 대중적인 집단으로 탈바꿈한 것이다. 물론 퍼즐을 즐기는 것 외에 IQ 상위 2%라는 일정한 기준을 넘어야 멘사 입회가 허락되지만 말이다.

어떤 사람들은 "머리 좋다는 친구들이 기껏 퍼즐이나 풀며 놀고 있다"라고 빈정대기도 하지만, 퍼즐은 순수한 지적 유희로서 충분한 가치가 있다. 퍼즐은 숫자와 기호가 가진 논리적인 연관성을 찾아내는 일종의 암호풀기 놀이다. 겉으로는 별로 상관없어 보이는 것들의 연관 관계와, 그 속에 감추어진 의미를 찾아내는 지적인 보물찾기 놀이가 바로 퍼즐이다. 퍼즐은 아이들에게는 수리와 논리 훈련이 될 수 있고 청소년과 성인에게는 유쾌한 여가활동, 노년층에게는 치매를 예방하는 지적인 건강지킴이 역할을 할 것이다.

시중에는 이런 저런 멘사 퍼즐 책이 많이 나와 있다. 이런 책들의 용도는 스스로 자신에게 멘사다운 특성이 있는지 알아보는 데 있다. 우선 책을 재미로 접근하기 바란다. 멘사 퍼즐은 아주 어렵거나 심각한 문제들이 아니다. 이런 퍼즐을 풀지 못한다고 해서 학습 능력이 떨어진다거나 무능한 것은 더더욱 아니다. 이 책에 재미를 느낀다면 지금까지 자신 안에 잠재된 능력을 눈치 채지 못했을 뿐, 계발하기에 따라 달라지는 무한한 잠재 능력이 숨어 있는 사람일지도 모른다.

아무쪼록 여러분이 이 책을 즐길 수 있으면 좋겠다. 또 숨겨져 있던 자신의 능력을 발견하는 계기가 된다면 더더욱 좋겠다.

멘사코리아 전(前) 회장
지형범

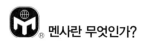 **멘사란 무엇인가?**

멘사란 '탁자'를 뜻하는 라틴어로, 지능지수 상위 2% 이내(IQ 148 이상)의 사람만 가입할 수 있는 천재들의 모임이다. 1946년 영국에서 창설되어 현재 100여 개국 이상에 13만여 명의 회원이 있다. 멘사코리아는 1996년에 문을 열었다. 멘사의 목적은 다음과 같다.

- 첫째, 인류의 이익을 위해 인간의 지능을 탐구하고 배양한다.
- 둘째, 지능의 본질과 특징, 활용처 연구에 힘쓴다.
- 셋째, 회원들에게 지적·사회적으로 자극이 될 만한 환경을 마련한다.

IQ 점수가 전체 인구의 상위 2%에 해당하는 사람은 누구든 멘사 회원이 될 수 있다. 우리가 찾고 있는 '50명 가운데 한 명'이 혹시 당신은 아닌지?

멘사 회원이 되면 다음과 같은 혜택을 누릴 수 있다.

- 국내외의 네트워크 활동과 친목 활동
- 예술에서 동물학에 이르는 각종 취미 모임
- 매달 발행되는 회원용 잡지와 해당 지역의 소식지
- 게임 경시대회, 친목 도모 등을 위한 지역 모임
- 주말마다 열리는 국내외 모임과 회의
- 지적 자극에 도움이 되는 각종 강의와 세미나
- 여행객을 위한 세계적인 네트워크인 'SIGHT' 이용 가능

멘사에 대한 좀 더 자세한 정보는 멘사코리아의 홈페이지를 참고하기 바란다.

- 홈페이지 : www.mensakorea.org

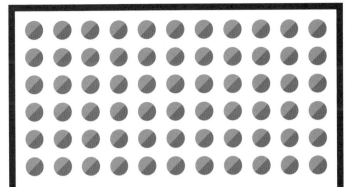

LOGIC A

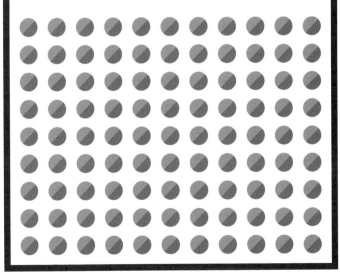

타일로 만든 전화번호

타일 장인이 공예 전시회에 참가했다. 타일 조각들을 선보이던 중에 한 관람객이 그에게 전화번호를 물었다. 장인은 대답 대신에 타일로 일곱 자리 전화번호를 만들어 그에게 건넸다. 그의 전화번호는 무엇일까?

양말 짝 찾기

여자의 서랍장에는 파란색 양말이 21켤레, 검은색 양말이 8켤레, 줄무늬 양말이 14켤레가 들어 있고, 양말들이 모두 섞여 있다. 여자가 짝이 맞는 양말 한 켤레를 신으려고 한다. 이때 일어날 수 있는 최악의 상황은 몇 짝의 양말을 꺼냈을 때일까?

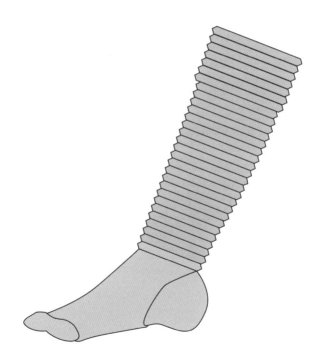

답: 188쪽

문제 003 ★★★☆☆

살인 사건 미스터리

끔찍한 살인 사건이 벌어져 경찰이 유력한 용의자 다섯 명을 취조하는 중이다. 다섯 명 중에서 세 명만 진실을 말하고 있다면 범인은 과연 누구일까?

알프 화이트 : 데이비드 다크가 죽였어요.

배리 글루미 : 나는 결백합니다.

시릴 셰이디 : 어니 블랙은 아니에요.

데이비드 다크 : 알프 화이트는 거짓말을 하고 있어요.

어니 블랙 : 배리 글루미의 말이 맞아요.

답: 188쪽

도형의 짝을 찾아라 1

아래 도형들의 관계를 파악해보자. 빈칸에 들어갈 도형은 어느 것 일까?

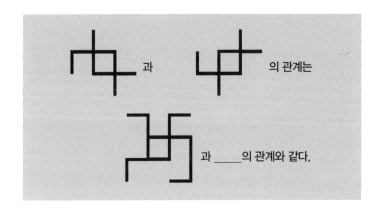

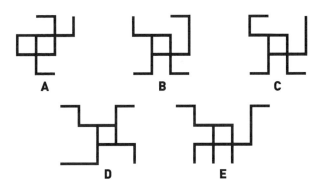

답: 188쪽

15

문제
005

★☆☆☆☆

가운데 원으로 1

오른쪽 그림에서 바깥쪽 네 개 원의 무늬를 가운데 원으로 옮겨라. 단, 아래의 규칙을 따라야 한다. 물음표에 들어갈 원은 어느 것일까?

1. 한 번 나오는 무늬는 가운데 원에 반드시 있어야 한다.

2. 두 번 나오는 무늬는 가운데 원에 있을 수도 있고 없을 수도 있다.

3. 세 번 나오는 무늬는 가운데 원에 반드시 있어야 한다.

4. 네 번 나오는 무늬는 가운데 원에 없어야 한다.

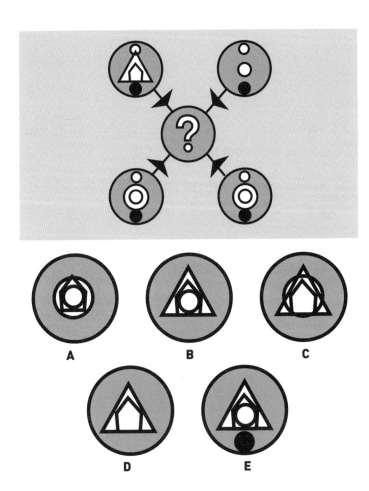

A B C

D E

답: 188쪽

두 아들의 나이

297번지에 사는 여자는 두 아들 그레이엄와 프레더릭과 함께 살고 있다. 아래 단서를 참고해서 답을 찾아라. 그레이엄과 프레더릭은 각각 몇 살일까?

1. 프레더릭의 나이는 그레이엄의 세 배이고, 프레더릭의 나이를 제곱한 값은 그레이엄의 나이를 세제곱한 값과 같다.

2. 프레더릭의 나이에서 그레이엄의 나이를 빼면 이 집 현관 계단의 개수와 같다.

3. 두 아들의 나이를 더하면 이 집을 둘러싼 울타리의 개수와 같고, 곱하면 이 집 정면에 보이는 벽돌의 개수와 같다.

4. 계단, 울타리, 벽돌의 개수를 모두 더한 값은 297이다.

답: 188쪽

아치볼트의 집은 어디?

최근에 아치볼트가 이사를 했다. 길을 따라 1부터 82까지 연속으로 번호가 붙은 신축 주택단지에 있는 집이다. 한 친구는 아치볼트가 '예', '아니요'로만 대답하는 질문 세 번만으로 그의 집이 어디인지 정확히 알아냈다. 친구의 질문은 다음과 같다.

1. 호수가 41보다 작은가?

2. 4로 나뉘는 수인가?

3. 제곱수인가?

아치볼트의 대답은 무엇이었을까? 또, 그는 몇 호에 살고 있을까?

답: 189쪽

휘날리는 깃발

아래 깃발들을 잘 살펴보자. 빈칸에 들어갈 깃발은 어느 것일까?

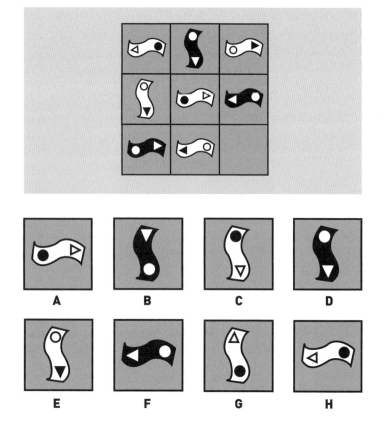

답: 189쪽

★★★★☆

반짝이는 삼각형

아래 원들을 잘 살펴보자. 물음표에 들어갈 원은 어느 것일까?

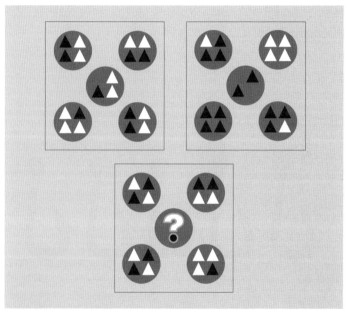

A **B** **C** **D** **E**

답: 189쪽

누가 더 많이 잡았나

해변가의 한 호텔에 묵고 있는 남자 다섯 명이 부둣가에 나란히 앉아서 낚시를 했다. 그들이 사용한 미끼나 잡은 물고기 수는 모두 다르다. 남자 다섯 명의 이름, 직업, 출신 지역을 알아보아라. 또, 그들은 어떤 미끼를 써서 물고기를 몇 마리나 잡았을까?

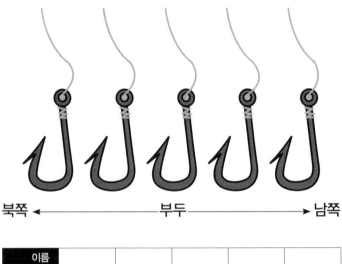

북쪽 ←——————— 부두 ———————→ 남쪽

이름					
직업					
출신 지역					
미끼					
물고기 수					

1. 배관공 헨리는 딕보다 1마리를 덜 잡았다.

2. 전기기사는 은행가 옆에 앉아서 빵을 미끼로 사용했다.

3. 북쪽 끝에 자리 잡은 남자는 은행에서 일하고, 프레드 옆에 앉아 있다.

4. 영업 사원은 남쪽 끝에 앉아서 1마리밖에 낚지 못했다.

5. 말콤은 쌀을 미끼로 썼고, 올랜도에서 온 남자는 15마리를 잡았다.

6. 뉴욕에서 온 남자는 새우를 미끼로 사용했고, 1마리밖에 낚지 못한 남자 옆에 앉았다.

7. L.A. 출신인 조는 지렁이로 낚시를 했다.

8. 가운데에 앉은 남자는 투손에 살고, 구더기로 물고기를 유인했다.

9. 은행가는 물고기 6마리를 잡았다.

10. 가운데에 자리 잡은 딕은 세인트루이스에서 온 남자에게서 두 자리 떨어져 있다.

11. 뉴요커 옆에 앉은 남자는 10마리를 잡았고, 직업은 교수다.

12. 헨리와 조는 붙어 앉지 않았다.

답: 189쪽

5인의 파일럿

영국의 공항 다섯 군데에서 비행기 다섯 대가 출발해 모두 다른 나라에 도착했다. 파일럿 다섯 명의 이름은 무엇이고, 이들의 출발지와 목적지는 어디일까?

1. 스탠스테드에서 출발한 비행기는 니스로 간다.

2. 카디프 발 비행기의 기장은 폴이다.

3. 마이크는 뉴욕 JFK 공항으로 향하고, 개트윅에서 출발하지 않았다.

4. 맨체스터에서 이륙한 비행기는 미국으로 향하지 않는다.

5. 닉은 밴쿠버에 비행기를 착륙했다.

6. 폴의 목적지는 로마가 아니다.

7. 닉의 출발지는 맨체스터가 아니다.

8. 로빈은 스탠스테드에서 출발하지 않았다.

9. 히스로에서 이륙한 비행기의 조종석에는 토니가 앉지 않지 않았고, 이 비행기는 베를린 행이 아니다.

파일럿의 이름	출발지	목적지

답: 190쪽

각양각색 원

다음 중 나머지와 다른 도형은 어느 것일까?

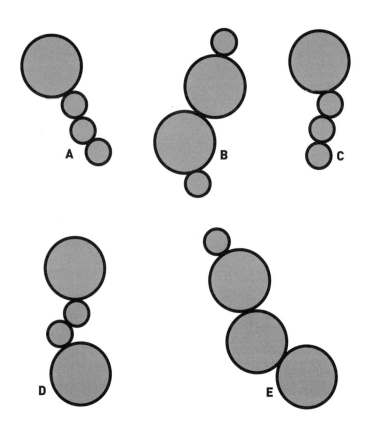

답: 190쪽

알가르브에서의 만남

스페인 국경과 가까운 알가르브의 도로는 맨해튼처럼 자로 잰 듯이 반듯하게 되어 있다. 이 동네의 죽마고우인 일곱 명이 각각 회색 동그라미로 표시된 곳에 살고 있다. 다 같이 만나려고 할 때, 그들의 이동 거리를 가장 짧게 하려면 어느 지점에서 만나야 할까?

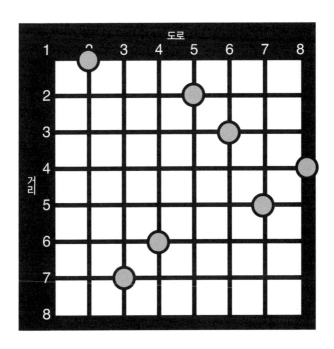

답: 190쪽

세대 차이

한 여자의 현재 나이는 딸 나이의 4배이고, 20년 뒤에는 여자의 나이가 딸 나이의 2배가 된다. 이 모녀는 현재 몇 살일까?

답: 191쪽

차곡차곡 쌓인 종이

똑같은 크기의 정사각형 종이 여덟 장을 한 장씩 차곡차곡 쌓았다.
아래 그림처럼 여덟 장 모두 일부분이 보일 때, 종이가 쌓인 순서는
어떻게 될까?

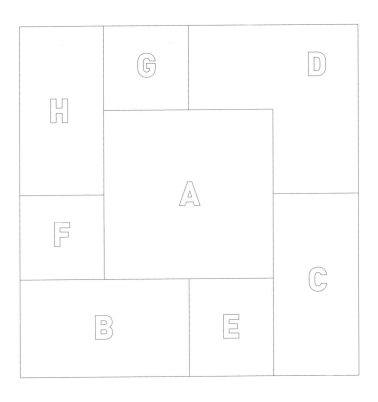

답: 191쪽

잘못된 칸을 찾아라 1

아래 격자에서 '1A'부터 '3C'까지, 각 칸의 도형은 제일 왼쪽 숫자 칸의 도형과 맨 위 알파벳 칸의 도형을 합친 것이다. 예를 들어 '2'의 도형과 'B'의 도형을 합하면 '2B'의 도형이 된다. 이 규칙을 적용할 때 잘못된 칸이 하나 있다. 어느 것일까?

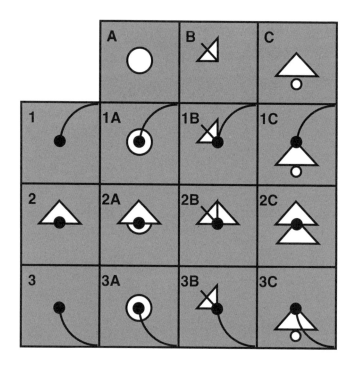

답: 191쪽

세 개의 원

아래에 큰 원 세 개를 그려라. 단, 원마다 타원, 사각형, 삼각형이 하나씩 들어가야 한다. 원을 어떻게 그려야 할까? 단, 원이 서로 완전히 겹쳐져서는 안 된다.

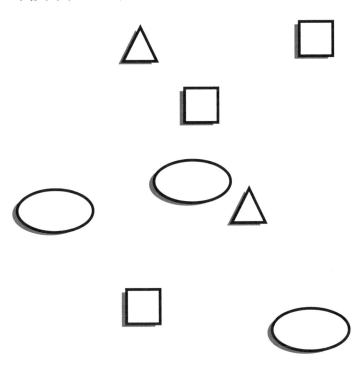

답: 191쪽

★☆☆☆☆

골프 모임에서

성이 피터, 에드워드, 로버트인 사람이 골프를 함께 치고 있다. 분위기가 한창 무르익었을 때 성이 피터인 사람이 갑자기 세 사람의 이름이 피터, 에드워드, 로버트라며 웃었다. 이 얘기를 들은 두 사람 중 한 명이 말했다. "저도 알아챘어요. 하지만 성과 이름이 같은 사람은 한 명도 없군요. 제 이름이 로버트인 것처럼 말입니다." 세 사람의 성과 이름은 무엇일까?

답: 191쪽

오각형 속의 숫자

아래 물음표에 들어갈 숫자는 무엇일까?

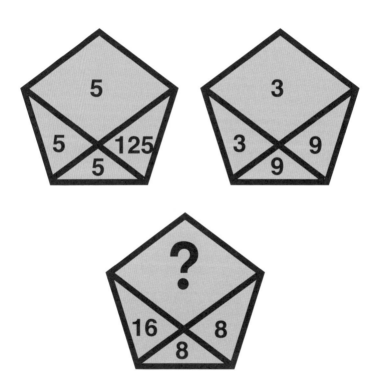

답: 192쪽

문제 020

★★★☆☆

혈기왕성한 강아지

호주에서 목장을 운영하는 러셀은 애완견 스팟과 함께 산책을 하곤한다. 어느 날 아침, 러셀은 10마일 떨어진 곳까지 걸었다. 그곳에서 스팟이 먼저 집에 갈 수 있도록 목줄을 풀었다. 그러자 스팟은 집을 향해 달려갔다. 스팟은 집에 도착한 뒤 다시 러셀에게 갔다가 집에 다시 돌아가기를 반복했다. 러셀은 시속 4마일, 스팟은 시속 9마일의 속도를 유지했다. 러셀과 함께 집에 도착한 스팟은 몇 마일을 달렸을까?

답: 192쪽

도형의 짝을 찾아라 2

아래 도형들의 관계를 파악해보자. 빈칸에 들어갈 도형은 어느 것일까?

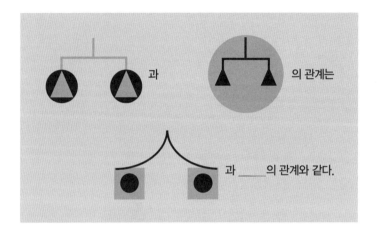

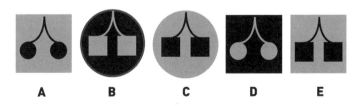

A **B** **C** **D** **E**

답: 192쪽

양 대신 권총?

빌과 댄은 목장을 운영한다. 어느 날 두 사람은 키우던 소들을 팔고 양을 사기로 했다. 그들은 소 떼를 몰고 시장에 갔다. 판매하려는 소 마릿수와 같은 숫자의 달러를 받고 한 마리씩 팔았다. 이 돈으로 그들은 마리당 10달러를 주고 양을, 남은 돈으로 염소 한 마리를 샀다. 하지만 집으로 오는 길에 두 사람은 싸웠고 결국 가축을 나눠 갖고 헤어지기로 했다. 가축을 나누고 보니 양 한 마리가 남았다. 빌이 양을 가져가는 대신에 댄에게 염소를 양보하기로 했다. 곰곰이 생각해보던 댄이 말했다. "내가 손해야. 염소는 양보다 싸잖아." 그러자 빌이 말했다. "알았어. 내 콜트 45구경 권총을 줄게. 그럼 차이가 없지?" 콜트 45구경 권총의 가치는 몇 달러일까?

답: 192쪽

카드 추리

카드의 앞면은 검은색이나 흰색이고, 뒷면에는 별이나 삼각형이 그려져 있다. '모든 검은색 카드의 뒷면 무늬는 삼각형이다'라는 명제가 참인지 거짓인지 알아내려면 어떤 순서로, 어떤 카드를 뒤집어서 확인해봐야 할까?

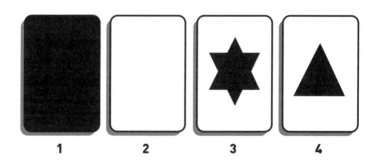

1　　　　**2**　　　　**3**　　　　**4**

답: 193쪽

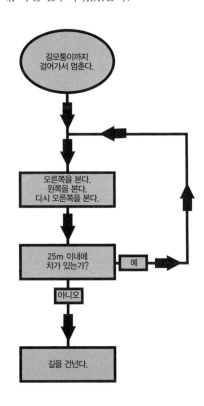

문제 024

★★☆☆☆

갈팡질팡 로봇

과학자들이 로봇 소프트웨어에 간단한 알고리즘을 입력했다. 그런데 한 단계에서 실수를 해서 로봇이 길을 건너는 데 무려 8시간이나 걸렸다. 어느 부분에, 어떤 실수가 있었을까?

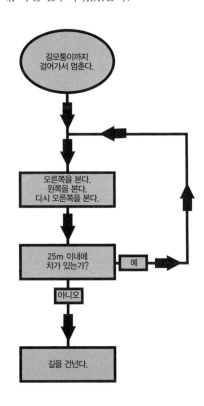

답: 193쪽

★★☆☆☆

문제
025

빙글빙글 도는 원

다음 중 나머지와 다른 하나는 어느 것일까?

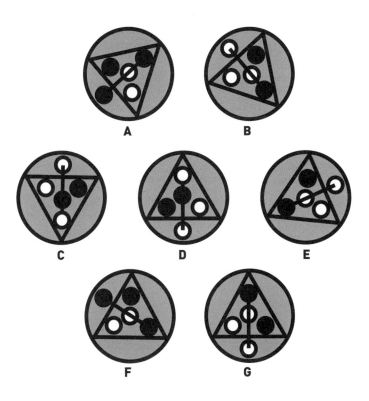

답: 193쪽

문제 026 ★★☆☆☆

계곡을 비추는 햇살

지구 어딘가에 한 협곡이 있다. 이곳은 태양과 지표면 사이의 거리가 일출이나 일몰 때보다 정오에 4,800km나 더 가깝다. 이 협곡은 어디에 있을까?

답: 193쪽

체스 대회

한 체스 대회에서는 두 게임을 연달아 이기는 사람이 최종 우승자가 된다. 출전한 선수들은 가끔씩 지기도 하는 강한 상대와 늘 이기는 약한 상대를 번갈아가며 총 세 번의 게임을 해야 한다. 이 경기에서 우승하려면 강한 상대, 약한 상대, 강한 상대의 순서로 만나는 것과 약한 상대, 강한 상대, 약한 상대의 순서로 만나는 것 중에 어느 쪽이 더 유리할까?

답: 193쪽

다른 공 찾기

다음 중 나머지와 다른 하나는 어느 것일까?

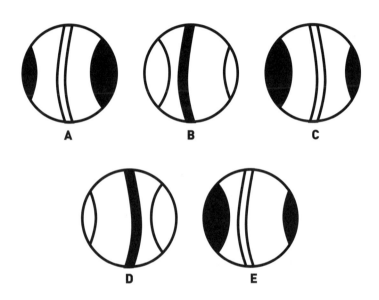

A   B   C

D   E

답: 193쪽

저녁 식사에서의 자리 배치

애크링턴 부부, 블랙풀 부부, 체스터 부부, 던캐스터 부부가 저녁 식사를 함께 하기로 했다. 모든 부부가 아래 조건에 따라 앉았을 때, 떨어져서 앉은 부부는 누구일까?

1. 네 쌍 중 한 쌍만 떨어져서 앉아야 한다.

2. 떨어져서 앉은 부부는 서로 마주 보고 앉지 않았다.

3. 애크링턴 부인은 블랙풀 씨 왼쪽 자리의 남자와 마주 보고 앉았다.

4. 체스터 부인의 바로 왼쪽에 앉는 남자는 던캐스터 씨와 마주 보고 앉았다.

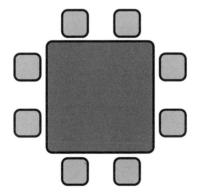

답: 194쪽

문제 030 ★★★★☆

은하계 회의

외계인 부부 다섯 쌍이 학회에 참석하기 위해 지구에 모였다. 남자들은 홀수와 함께 대문자 M이 적힌 이름표를, 여자들은 짝수와 함께 대문자 F가 적힌 이름표를 받았다. 각 부부는 저마다 독특한 외모를 가지고 있고 준비한 토론 주제, 타고 온 우주선도 모두 다르다. 그들은 강당의 10개의 좌석에 부부끼리 나란히 앉았다. M9의 아내는 누구이고, 핵융합을 토론 주제로 발표한 남자는 누구일까?

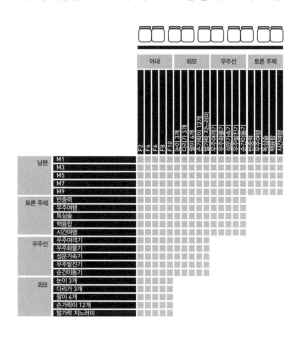

1. M1은 시간여행 이야기를 하려고 순간이동기를 타고 왔다.

2. 팔 4개를 가진 독심술 전문가 부부는 성운가속기를 우주발진기와 우주여객기 사이에 정박했다.

3. 왼쪽에서 네 번째 좌석에 앉은 F6는 옆에 앉아서 우주여행 발표 원고를 보는 외계인에게 이렇게 말했다.

   "제 남편 M3가 그러는데 당신은 다리가 3개라고 하더군요."

4. F4는 남편 옆에 앉아 있는 눈이 3개인 부부가 소유한 우주화물기가 부럽다고 말했다.

5. 손가락이 12개인 F8의 남편은 시간여행 발표 원고를 훑어보고 있다.

6. 왼쪽에서 다섯 번째 좌석에 앉은 M5는 아내의 옆에 앉아 있는 외계인의 부인인 F10에게 말했다.

   "당신 옆에 앉은 발가락 지느러미 부부는 우주여객기를 타고 왔더군요."

7. M7과 F2는 반중력을 연구하고 있다. F6의 남편은 핵융합을 발표 주제로 정했다.

남편/아내									
토론 주제									
우주선									
외모									

답: 194쪽

끼리끼리 모인 숫자

아래 숫자들을 일정한 규칙에 따라 네 개의 그룹으로 묶을 수 있다.
그룹마다 세 개의 숫자가 들어가야 할 때, 숫자들을 어떻게 묶어야
할까?

106   168   181   217   218   251   349

375   433   457   532   713

그룹 1	그룹 2	그룹 3	그룹 4

답: 194쪽

스키 리프트

한 스키장의 리프트 구간에 내리고 탈 수 있는 승강장이 10개 있다. 어느 승강장이든 매번 편도 티켓을 끊어 리프트를 타면 된다. 살 수 있는 티켓의 종류는 모두 몇 가지일까?

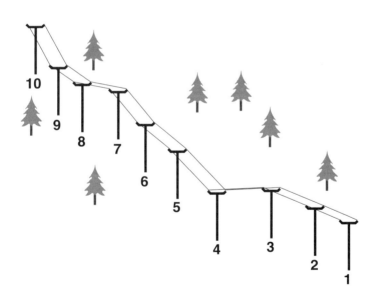

답: 194쪽

★☆☆☆☆

빨간 공 찾기

주머니에 공 네 개가 들어 있다. 하나는 검은색, 하나는 흰색, 나머지
두 개는 빨간색이다. 주머니를 잘 흔들어 공이 잘 섞이게 한 다음에
상대방에게 공 두 개를 꺼내게 한다. 상대방이 손안의 공들을 보고
둘 중 하나가 빨간색이라고 말한다면 나머지 공도 빨간색일 확률은
얼마나 될까?

답: 195쪽

이상한 덧셈

첫 번째 수식의 답은 9825다. 두 번째 수식의 답은 얼마일까?

$$6128 + 9091$$

$$8159 + 1912$$

답: 195쪽

대문이 달린 집

여섯 명의 부인이 한 마을에 살고 있고, 그들이 사는 집의 대문은 모두 다른 색깔이다. 아래 단서를 참고해서 답을 찾아라. 여섯 명의 부인 이름은 무엇이고, 그들은 어떤 색깔의 대문이 달린 집에 살까? 각 집의 이름은 무엇일까?

1. 리버스 부인의 이름은 트레이시가 아니고, 부인의 집의 대문은 빨간색이 아니다.

2. 맨비 부인의 이름은 셰릴이고, 그녀가 사는 집은 화이트하우스가 아니다.

3. 셰누라는 이름을 가진 집의 대문 색깔은 검은색이 아니다.

4. 페기는 초록색 문이 달린 집에 살고, 이 집의 이름은 로즈코티지가 아니다.

5. 셰릴이 사는 집의 대문은 빨간색이 아니지만 힐 부부가 사는 힐하우스의 대문은 빨간색이다.

6. 메이블의 집에는 파란색 대문이 달려 있고, 그녀의 성은 설리번이 아니다.

7. 트레이시가 사는 집의 이름은 리버사이드다.

8. 스티븐스 부부의 집은 로즈코티지라 불린다.

9. 그레이스는 대문을 주황색으로 칠하지 않았다.

10. 밸리뷰에는 초록색 대문이 달려 있지 않고, 도로시가 살지 않는다.

11. 설리번 부부는 밸리뷰에 살고, 대문 색깔은 검은색이 아니다.

12. 피터스 부인의 집 대문은 흰색이 아니다.

이름	성	집 이름	대문 색깔

답: 195쪽

원 속의 원

아래 원들을 잘 살펴보자. 물음표에 들어갈 원은 어느 것일까?

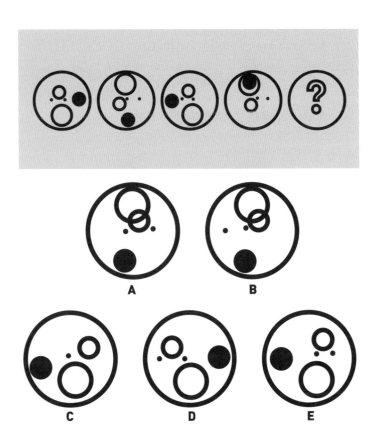

답: 195쪽

회전하는 원

아래 원들을 잘 살펴보자. 다음에 올 원은 어느 것일까?

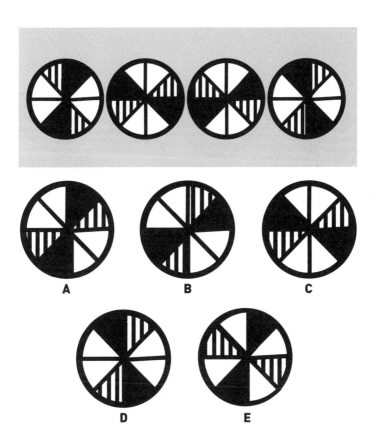

A   B   C

D   E

답: 195쪽

문제 038 ★☆☆☆☆

의심스러운 도형

다음 중 나머지와 다른 도형은 어느 것일까?

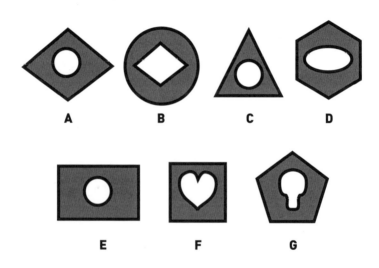

A　　　**B**　　　**C**　　　**D**

E　　　**F**　　　**G**

답: 196쪽

원을 따라가라

아래 도형들을 잘 살펴보자. 다음에 올 도형은 어느 것일까?

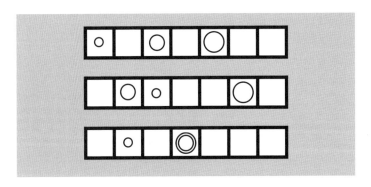

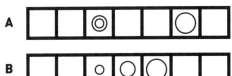

A

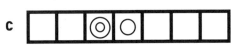

B

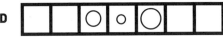

C

D

E

답:196쪽

미식축구 선수

다섯 개의 팀에서, 서로 다른 포지션으로 뛰는 미식축구 선수 다섯 명은 모두 다른 색깔의 유니폼을 입는다. 선수들의 이름과 팀, 포지션을 알아보아라. 또, 각 팀의 유니폼은 무슨 색일까?

		팀					포지션					유니폼 색깔				
		팬더스	카우보이즈	패커스	레이더스	브라운스	러닝백	태클	쿼터백	키커	코너백	검은색	노란색	빨간색	파란색	보라색
이름	데이비드															
	클로드															
	빅터															
	새뮤얼															
	빌															
유니폼 색깔	검은색															
	노란색															
	빨간색															
	파란색															
	보라색															
포지션	러닝백															
	태클															
	쿼터백															
	키커															
	코너백															

1. 팬더스 선수는 보라색 유니폼을 입는다.

2. 새뮤얼은 러닝백이 아니고, 태클을 맡은 선수는 카우보이즈 소속이다.

3. 쿼터백은 노란색 유니폼을 입고, 클로드는 카우보이즈에서 뛴다.

4. 키커가 속한 팀은 패커스가 아니다.

5. 데이비드는 레이더스 선수가 아니고, 새뮤얼이 입은 유니폼은 검은색이다.

6. 코너백을 맡은 선수는 레이더스에서 활약하고, 데이비드는 노란색 유니폼을 입고 있다.

7. 브라운스 선수인 빅터는 경기할 때 파란색 유니폼을 입지 않는다.

8. 빌의 포지션은 키커이고, 브라운스 팀의 유니폼은 빨간색이다.

이름	팀	포지션	유니폼 색깔

답:196쪽

★★★☆☆

시골의 대저택

영국의 한 시골에 멋들어진 대저택이 있다. 저택에는 다섯 명의 일꾼이 있고, 그들의 취미와 휴무일은 모두 다르다. 일꾼들의 직업, 취미는 무엇이고, 휴무일은 언제일까?

		직업					취미					휴무일				
		집사	운전기사	요리사	정원사	청소부	낚시	체스	스쿼시	카드놀이	골프	월	화	수	목	금
이름	스미스															
	존스															
	우드															
	클라크															
	제임스															
휴무일	월															
	화															
	수															
	목															
	금															
취미	낚시															
	체스															
	스쿼시															
	카드놀이															
	골프															

1. 화요일에 쉬는 사람은 골프를 치지만 청소부 클라크는 아니다.

2. 스쿼시를 치는 집사의 이름은 존스가 아니다.

3. 우드는 수요일에 쉬고, 집사도 정원사도 아니다.

4. 제임스는 요리를 담당하며 목요일에도 일한다. 스미스도 목요일에 근무한다.

5. 카드놀이를 즐기는 사람은 월요일에 쉰다. 운전기사는 체스를 둘 줄 모르고, 제임스의 휴무일은 화요일이 아니다.

6. 운전기사는 낚시를 즐긴다.

7. 제임스는 카드놀이를 하고, 체스를 하는 사람은 목요일에 쉰다.

이름	직업	취미	휴무일

답: 196쪽

문제 042

★★☆☆☆

스크래치 카드

마을 축제에서 입장권을 사면 스크래치 카드를 주는 이벤트를 한다. 카드의 여러 칸 중에 '꽝' 한 칸과 '당첨' 두 칸이 숨겨져 있다. 여러 칸을 긁는 동안 '꽝'이 나오기 전에 '당첨'이 나오면 상품을 받을 수 있다. 즉, 상품을 받을 확률은 반반이다. 카드에 있는 스크래치 칸은 모두 몇 개일까?

답: 196쪽

맛있는 맥주

한 남자는 맥주 한 통을 다 마시는 데 27일이 걸리고, 한 여자는 54일이 걸린다. 한 통을 남자와 여자가 함께 각자의 속도로 마실 경우, 며칠이면 맥주 한 통을 다 마실까?

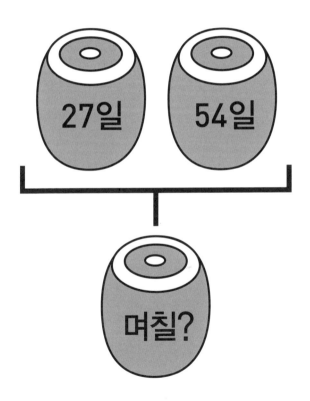

답: 197쪽

숫자 쌓기

아래 숫자 기둥들을 잘 살펴보자. 다음에 올 숫자 기둥은 어느 것일까?

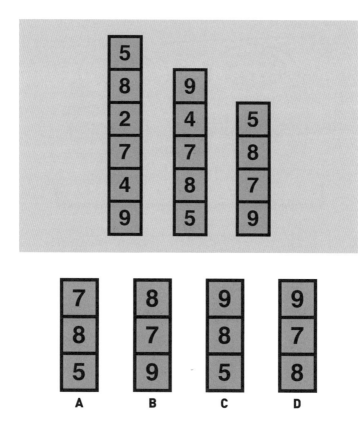

답: 197쪽

기차 갈아타기

여자는 매일 오후 5시 30분에 사무실을 나와서 장을 본 뒤, 6시에 출발하는 기차를 탄다. 6시 반에 기차역에 도착하면 그녀의 남편이 차를 가지고 마중 나와 있다. 그런데 오늘은 여자의 일이 평소보다 5분 일찍 끝나서 장을 보지 않고 5시 반에 출발하는 기차를 탔다. 6시 정각에 기차역에 도착한 그녀는 남편을 기다리지 않고 집까지 걷기 시작했다. 한편 남편은 평소처럼 나왔다가 맞은편에서 걸어오는 아내를 발견했다. 그래서 그는 차를 돌려 아내를 태운 뒤, 집으로 향했고 부부는 평소보다 10분 일찍 귀가했다. 남편을 만나기 전까지 여자가 걸었던 시간은 얼마나 될까?

답: 197쪽

테니스 클럽

회원 수가 189명인 테니스 클럽이 있다. 이 클럽에 가입한 지 3년이 채 안 된 회원은 8명이고 20세 미만인 회원은 11명이다. 또, 70명은 안경을 썼고 140명은 남자다. 그렇다면 3년 이상 활동하고 있으며 안경을 쓴 20세 이상 남성 회원은 적어도 몇 명 이상일까?

답: 197쪽

문제 047

나무 열여덟 그루

정원사가 나무 열여덟 그루를 한 줄에 다섯 그루씩 심으려고 한다. 다섯 그루를 잇는 줄의 수를 최대한 늘리고 싶다면 어떤 방법으로 나무를 심어야 할까? 나무 한 그루에 이을 수 있는 줄은 한 줄 이상이고 두 가지 방법이 있다.

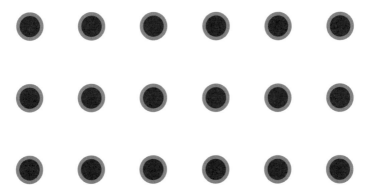

답: 198쪽

★★☆☆☆

알록달록 정사각형

아래 정사각형들을 잘 살펴보자. 다음에 올 정사각형은 어느 것일까?

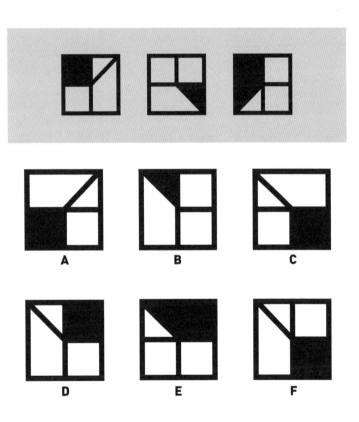

A   B   C

D   E   F

답: 198쪽

수감자의 식사 시간

교도소에는 수감자가 너무 많아 식사 시간마다 식당은 북새통을 이룬다. 질서를 지키기 위해 수감자들은 반드시 1, 2번 규칙에 따라서 자리에 앉아야 한다. 3~7번은 수감자 수와 관련된 단서다. 아래 단서를 참고해서 답을 찾아라. 이 교도소의 수감자는 모두 몇 명일까?

1. 식탁마다 앉는 수감자 수가 모두 같아야 한다.

2. 한 식탁에 앉는 수감자의 수는 홀수여야 한다.

3. 한 식탁에 3명씩 앉는다면 2명이 남는다.

4. 한 식탁에 5명씩 앉는다면 4명이 남는다.

5. 한 식탁에 7명씩 앉는다면 6명이 남는다.

6. 한 식탁에 9명씩 앉는다면 8명이 남는다.

7. 한 식탁에 11명씩 앉는다면 한 명도 남지 않는다.

답: 198쪽

잘못된 칸을 찾아라 2

아래 격자에서 '1A'부터 '3C'까지, 각 칸의 도형은 제일 왼쪽 숫자 칸의 도형과 맨 위 알파벳 칸의 도형을 합친 것이다. 예를 들어 '2'의 도형과 'B'의 도형을 합하면 '2B'의 도형이 된다. 이 규칙을 적용할 때 잘못된 칸이 하나 있다. 어느 것일까?

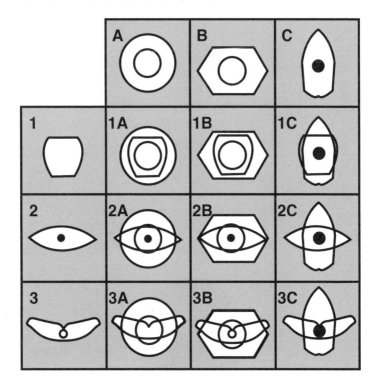

답: 198쪽

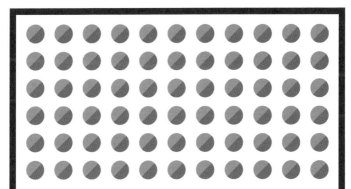

LOGIC B

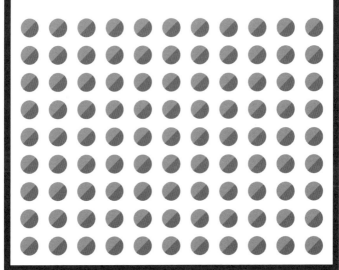

재미있는 얼굴

아래 얼굴들을 잘 살펴보자. 다음에 올 얼굴은 어느 것일까?

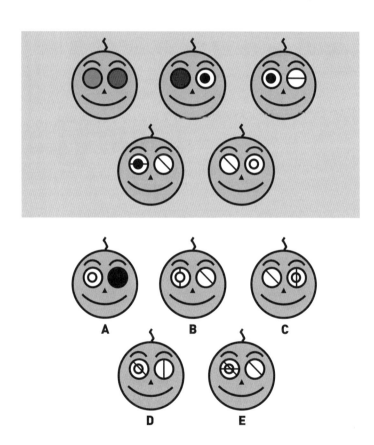

답: 198쪽

70

★★★☆☆

문제 052

이상한 시계

한 남자는 매일 아침 창문 너머의 광장 시계탑을 보고 집에 있는 시계 시간을 맞춘다. 어느 날 아침, 8시 55분이었던 집 시계가 1분 뒤에 8시 56분이었다. 그런데 2분 뒤에도 8시 56분이었고, 1분 뒤에는 8시 55분이었다. 한참 고민하던 남자는 9시 정각이 되어서야 무엇이 문제였는지 깨달았다. 시계의 문제는 무엇이었을까?

답: 199쪽

머릿속의 숫자

아나스타샤가 벨린다에게 숫자 퀴즈를 냈다. 아나스타샤는 99와 999 사이의 숫자 하나를 머릿속에 떠올린 후에 벨린다에게 맞혀보라고 했다. 아래 단서를 참고해서 답을 찾아라. 아나스타샤가 생각한 숫자는 무엇일까?

1. 벨린다가 숫자가 500보다 작은지 묻자 아나스타샤는 그렇다고 했다.

2. 벨린다가 숫자가 제곱수냐고 묻자 아나스타샤는 또 그렇다고 했다.

3. 벨린다가 숫자가 세제곱수냐고 묻자 이번에도 그렇다고 했다.

4. 아나스타샤는 위 세 질문 중에서 두 질문에만 진실을 말했다.

5. 아나스타샤는 숫자의 첫 자리와 마지막 자리가 5, 7, 9 중 하나라는 힌트를 주었다.

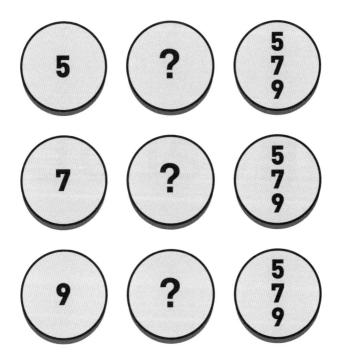

답: 199쪽

일본 호텔의 유리문

일본 나가사키에 있는 어느 호텔의 유리문에는 이렇게 적혀 있다.
과연 무슨 뜻일까?

PHUSLULP

답: 199쪽

원을 돌려라

아래 도형들을 잘 살펴보자. 물음표에 들어갈 도형은 어느 것일까?

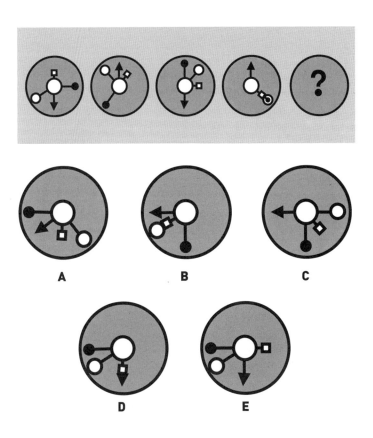

답: 200쪽

75

★★☆☆☆

부서진 시계

벽에 걸려 있던 시계가 떨어져 세 조각으로 부서졌다. 신기하게도 각 조각 속의 숫자들을 더한 값이 같았다. 시계는 어떻게 부서진 것일까?

답: 200쪽

밤하늘의 별

아래 그림에 별을 최대한 크게 그려보자. 단, 그 별은 그림 속에 있는 다른 별들과 같은 모양으로 그려야 한다. 또, 다른 별에 닿거나 그림 테두리를 지나면 안 된다. 별을 어떻게 그려야 할까?

답: 201쪽

★★☆☆☆

수리공의 선택

새로 일을 시작한 공중전화 수리공이 현장에 나가니 공중전화가 15개나 있었다. 상관은 수리공에게 8번까지의 공중전화 중 다섯 개가 수리 대상이니 시험 삼아 한 개만 골라서 고쳐보라고 했다. 수리공은 별다른 고민 없이 곧장 8번 공중전화로 향했다. 왜 그랬을까?

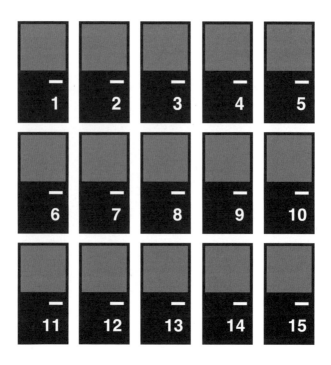

답: 201쪽

깜박거리는 원

아래 정사각형 속 무늬를 잘 살펴보자. 빈칸에 들어갈 무늬는 어느 것일까?

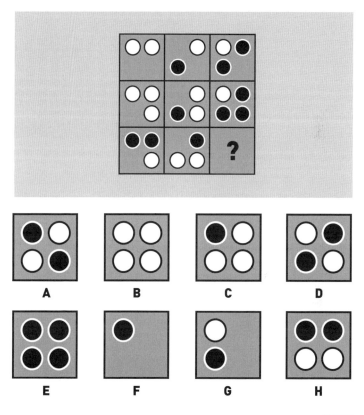

A **B** **C** **D**

E **F** **G** **H**

답: 201쪽

아버지와 딸

한 모임에 아버지들이 각자 딸을 데리고 참석했다. 아버지들과 딸들의 이름은 무엇이고, 나이는 어떻게 될까?

		아버지의 나이					딸의 나이					딸의 이름				
		50	51	52	53	54	17	18	19	20	21	앨리슨	베티	캐럴	다이애나	이브
아버지의 이름	존															
	케빈															
	렌															
	말콤															
	닉															
딸의 이름	앨리슨															
	베티															
	캐럴															
	다이애나															
	이브															
딸의 나이	17															
	18															
	19															
	20															
	21															

1. 존은 52살이고, 딸의 이름은 이브가 아니다.

2. 렌은 21살짜리 딸과 함께 참석했고, 베티는 이브보다 3살 많다.

3. 케빈은 53살이고, 다이애나는 19살이다.

4. 이브는 18살이고, 닉에게는 캐럴이라는 딸이 있다.

5. 존의 딸인 앨리슨은 20살이다.

6. 케빈은 19살짜리 딸과 함께 왔고, 이브의 아버지는 말콤이다.

7. 말콤은 닉보다 3살 많고, 렌은 케빈보다 3살 어리다.

8. 닉의 나이는 딸 나이의 세 배다.

9. 캐럴은 다이애나보다 2살 어리다.

아버지의 이름	딸의 이름	아버지의 나이	딸의 나이

답: 202쪽

살아 있는 원

아래 원들을 잘 살펴보자. 다음에 올 원은 어느 것일까?

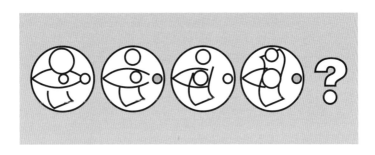

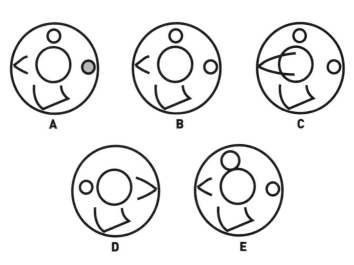

답: 202쪽

살인 사건의 용의자

살인 사건의 현장에서 네 명의 용의자가 지목되었다. 용의자는 잭 비셔스, 시드 시프티, 앨프 머긴스, 짐 파운서였다. 이들을 심문하는 동안 형사는 모두에게 똑같은 질문을 던졌는데, 각각 대답이 달랐다. 이 중에서 한 사람만 진실을 말하고 있다면 범인은 누구일까?

잭 비셔스 : 시드 시프티가 범인이에요.

시드 시프티 : 짐 파운서가 죽였어요.

앨프 머긴스 : 저는 살인을 저지르지 않았습니다.

짐 파운서 : 시드 시프티가 거짓말을 하고 있어요.

답: 202쪽

도형의 짝을 찾아라 3

아래 도형들의 관계를 파악해보자. 빈칸에 들어갈 도형은 어느 것일까?

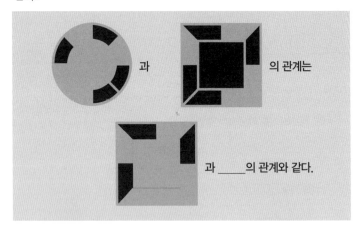

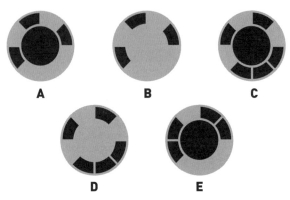

A   **B**   **C**

D   **E**

답: 202쪽

★★★★☆

문제
064

손수건 내기

찰리가 함께 술을 마시던 벤과 내기를 했다. "내가 아주 평범한 이 손수건을 바닥에 놓을 거야. 내가 손수건 한 귀퉁이를 밟고 서면 너는 반대쪽 귀퉁이를 밟고 날 향해 서. 장담하는데, 넌 날 만질 수 없을걸." 어째서 벤은 찰리를 만질 수 없었을까?

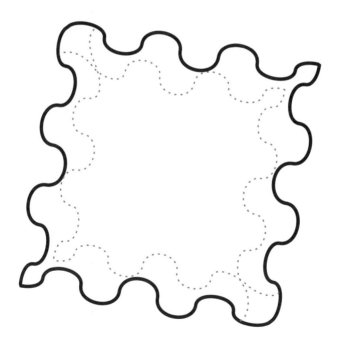

답: 203쪽

★ ★ ★ ★ ☆

타일 완성하기

아래 타일의 무늬를 살펴보자. 물음표에 들어갈 타일은 어느 것일까?

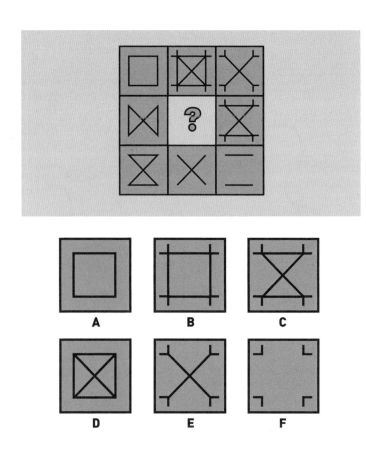

답: 203쪽

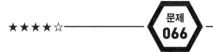

직사각형 나누기

조각마다 같은 개수의 삼각형이 들어가도록 직선을 그어 직사각형
을 나누어라. 이때 만들 수 있는 조각의 최소 개수는 몇 개일까?

답: 203쪽

문제 067

★★★☆☆

비둘기 수송차

트럭의 운전기사가 다리를 건너기 전에 최대 하중이 20톤이라는 표지판을 보았다. 문제는 트럭만 20톤에다가 짐칸에는 무게가 각각 1kg인 비둘기 200마리가 실려 있었다. 차를 세운 기사는 한참을 고민하더니 짐칸을 세게 쳐서 새들을 날게 하고 다리를 건넜다. 과연 그는 과태료를 냈을까?

답: 204쪽

사다리꼴 피라미드

아래 무늬들을 잘 살펴보자. 물음표에 들어갈 무늬는 어느 것일까?

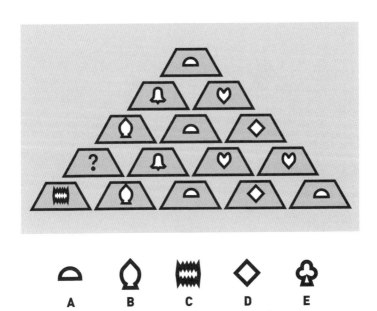

A   B   C   D   E

답: 204쪽

★★☆☆☆

도형의 짝을 찾아라 4

아래 도형들의 관계를 파악해보자. 빈칸에 들어갈 도형은 어느 것일까?

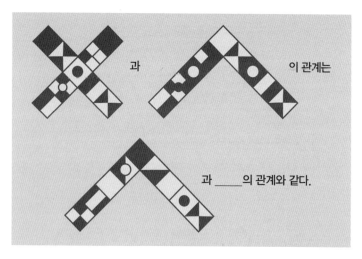

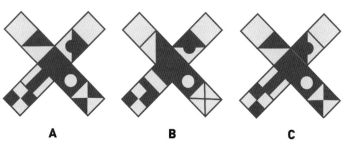

A   **B**   **C**

답: 204쪽

숫자 다트

아래 숫자들을 잘 살펴보자. 물음표 자리에 들어갈 숫자는 무엇일까?

답: 204쪽

움직이는 삼각형

아래 도형들을 잘 살펴보자. 다음에 올 도형은 어느 것일까?

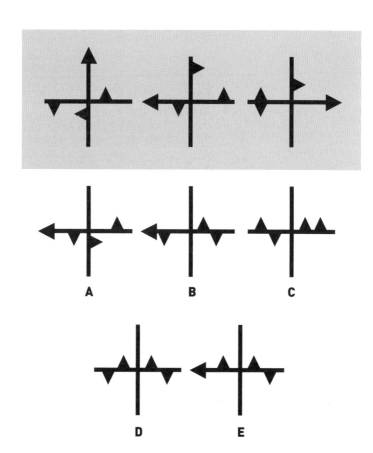

답: 205쪽

펭귄과 허스키

한 동물원에 펭귄 우리와 허스키 우리가 나란히 붙어 있다. 두 우리 안에 있는 동물은 총 72마리고, 동물의 다리는 총 200개다. 펭귄은 몇 마리일까?

답: 205쪽

움직이는 직사각형

아래 도형들을 잘 살펴보자. 다음에 올 도형은 어느 것일까?

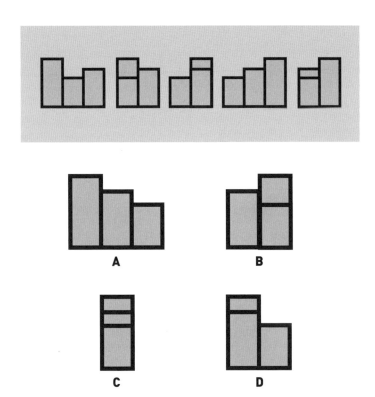

답: 205쪽

검은색 공을 꺼내라

아래 그림에 가방 두 개가 있다. 가방마다 검은색 공 네 개, 흰색 공 네 개가 들어 있다. 이제 두 가방에서 공 한 개씩 꺼내자. 이때 꺼낸 공 중에서 검은색 공이 한 개 이상일 확률은 얼마일까?

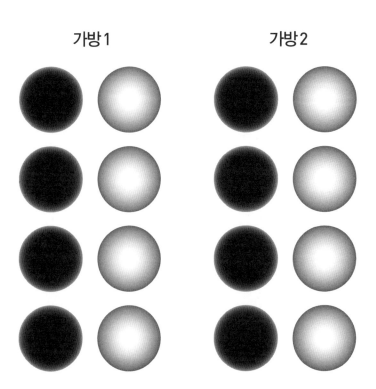

가방1 **가방2**

답: 206쪽

사격 연습

부대에서 명사수로 소문이 난 대령, 소령, 장군이 함께 사격 연습을
했다. 구멍이 네 개씩 뚫린 과녁을 모아 놓고 살펴보던 세 사람이 말
했다.

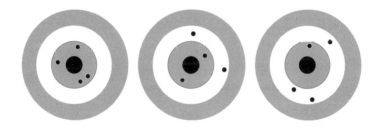

대령은 이렇게 말했다.

"난 180점이네."

"내 점수가 소령보다 40점 낮군."

"장군님 점수보다 20점 높습니다."

소령은 이렇게 말했다.

"전 꼴찌는 아닙니다."

"저와 장군님은 60점 차이가 나는군요."

"장군님은 240점을 쏘셨군요."

장군은 이렇게 말했다.

"대령이 날 이겼네."

"대령 점수는 200점이군."

"소령 점수가 대령 점수보다 60점 높은걸."

하지만 그들은 한 마디씩 거짓말을 했다. 실제로 이들은 몇 점을 쏜 것일까? 참고로, 과녁은 80, 60, 40, 20점으로 이루어져 있다.

답: 206쪽

이상한 문자

아래 문자들을 잘 살펴보자. 다음에 올 문자는 무엇일까?

답: 206쪽

도형의 짝을 찾아라 5

아래 도형들의 관계를 파악해보자. 빈칸에 들어갈 도형은 어느 것
일까?

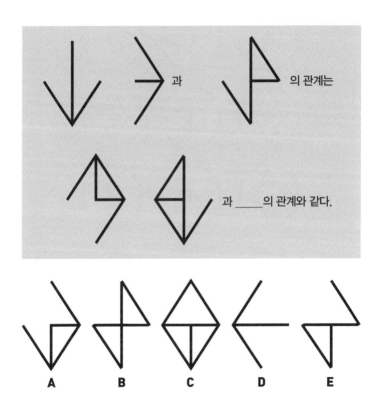

답: 206쪽

무늬 완성하기

아래 원들을 잘 살펴보자. 물음표에 들어갈 원은 어느 것일까?

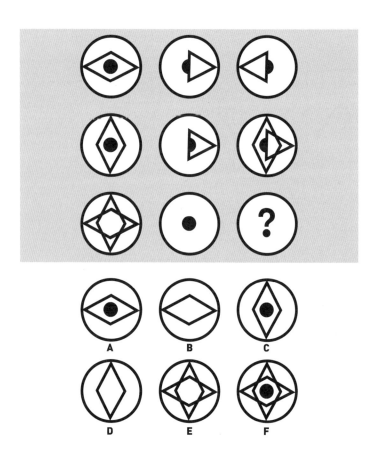

답: 206쪽

카지노 칩

한 카지노에 있는 룰렛 기계는 5달러짜리 칩과 8달러짜리 칩만 사용한다. 판돈을 최소 5달러부터 최대 36달러까지 걸 수 있을 때, 걸 수 없는 가장 큰 판돈은 얼마일까?

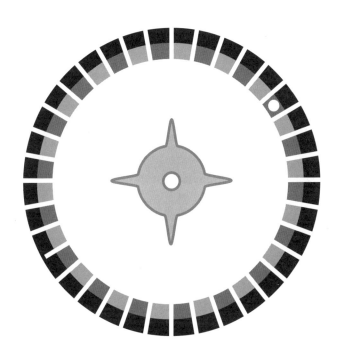

답: 206쪽

브로드웨이의 버스

뉴욕 브로드웨이로 출장을 간 한 남자가 신기하게 생긴 버스를 발견했다. 버스는 멈춰 있었지만 어느 방향으로 출발할지 도무지 가늠할 수가 없었다. 이 버스는 어느 방향으로 움직일까?

답: 207쪽

움직이는 칸

아래 그림들을 잘 살펴보자. J와 N에 들어갈 도형은 어느 것일까?

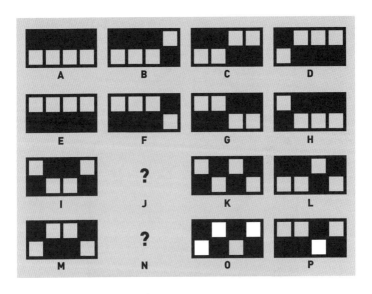

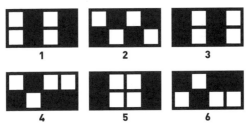

답: 207쪽

정육면체에 대각선 긋기

정육면체의 두 면에 그림과 같이 대각선 두 개를 그을 때, 선분 AB 와 선분 AC가 이루는 각도는 어떻게 될까?

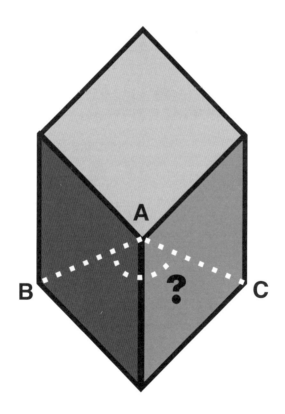

답: 207쪽

★★★☆☆

겹쳐진 사각형

A~D 중에서 아래 사각형 조합과 같은 특성을 가진 조합은 어느 것일까?

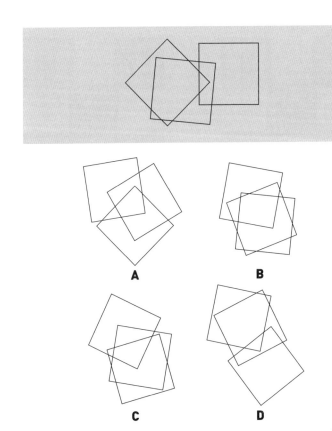

A

B

C

D

답: 207쪽

옹기종기 모인 숫자

아래 숫자들을 잘 살펴보자. 물음표에 들어갈 숫자는 무엇일까?

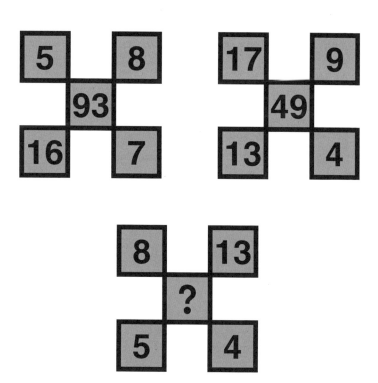

답: 207쪽

암호를 완성하라

아래 암호들을 잘 살펴보자. 다음에 올 암호는 어느 것일까?

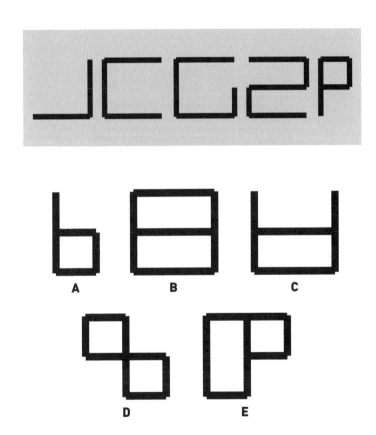

A

B

C

D

E

답: 207쪽

도미노를 찾아라

아래 그림에는 정사각형 두 개가 붙은 도미노가 28개 있다. 그 아래에 제시된 도미노의 숫자쌍을 참고해서 28개의 도미노를 찾아라. 도미노는 각각 어디에 있을까?

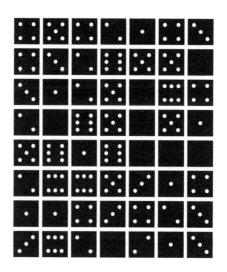

0-0
0-1 1-1
0-2 1-2 2-2
0-3 1-3 2-3 3-3
0-4 1-4 2-4 3-4 4-4
0-5 1-5 2-5 3-5 4-5 5-5
0-6 1-6 2-6 3-6 4-6 5-6 6-6

답: 208쪽

육각형 피라미드

피라미드 꼭대기에 들어갈 도형은 어느 것일까?

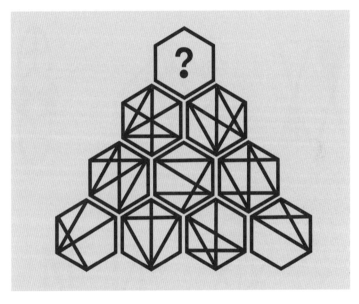

A   **B**   **C**   **D**   **E**

답: 208쪽

다른 도형 찾기

다음 중 나머지와 다른 하나는 어느 것일까?

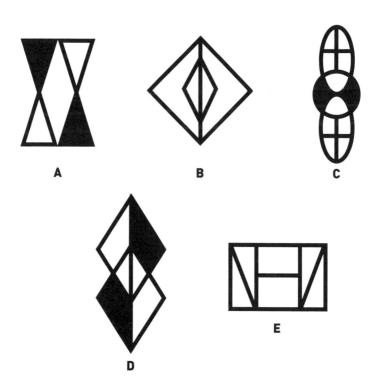

A B C

D E

답: 208쪽

부채꼴의 숫자

아래 물음표에 들어갈 숫자는 무엇일까?

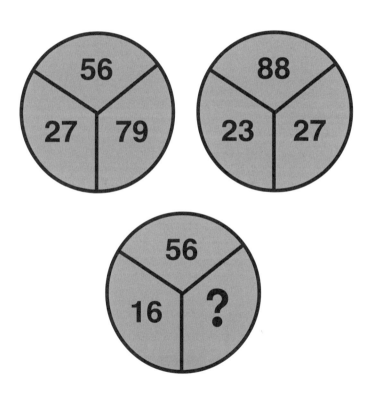

답: 208쪽

문제 090

★★★☆☆

원 피라미드

아래 원들을 잘 살펴보자. 물음표에 들어갈 도형은 어느 것일까?

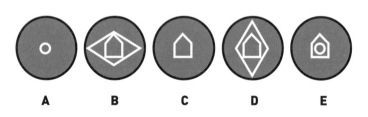

| A | B | C | D | E |

답: 209쪽

다섯 개의 원

아래 원들은 모두 지름이 같다. A를 지나는 직선 한 개로 원 다섯 개의 넓이를 정확히 반으로 나눠보자. 직선을 어떻게 그려야 할까?

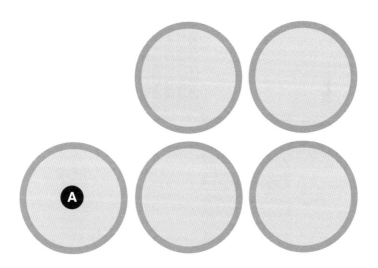

답: 209쪽

★★☆☆☆

학생들의 취미

다섯 명의 학생은 모두 반이 다르고, 좋아하는 과목과 운동도 모두 다르다. 학생들의 이름과 반을 알아보아라. 또, 학생들이 좋아하는 과목과 운동은 무엇일까?

		반					좋아하는 과목					좋아하는 운동				
		2	3	4	5	6	역사	수학	화학	지리학	생물학	테니스	스쿼시	수영	육상	농구
이름	앨리스															
	베티															
	클라라															
	도리스															
	엘리자베스															
좋아하는 운동	테니스															
	스쿼시															
	수영															
	육상															
	농구															
좋아하는 과목	역사															
	수학															
	화학															
	지리학															
	생물학															

1. 스쿼시를 즐기는 학생은 수학을 좋아하고, 5반이 아니다.

2. 도리스는 3반이고, 베티는 육상을 좋아한다.

3. 육상을 좋아하는 학생은 2반이다.

4. 4반 학생은 수영에 빠져 있고, 엘리자베스는 화학을 열심히 한다.

5. 앨리스는 6반이고 스쿼시를 좋아하지만 지리학은 싫어한다.

6. 화학 과목을 좋아하는 학생은 농구를 즐긴다.

7. 생물학을 좋아하는 학생은 육상을 즐긴다.

8. 클라라는 역사에 관심이 많지만 테니스에는 관심이 없다.

이름	반	좋아하는 과목	좋아하는 운동

답: 209쪽

문제
093
★☆☆☆☆

가운데 원으로 2

오른쪽 그림에서 바깥쪽 네 개 원의 무늬를 가운데 원으로 옮겨라. 단, 아래의 규칙을 따라야 한다. 물음표에 들어갈 원은 어느 것일까?

1. 한 번 나오는 무늬는 가운데 원에 반드시 있어야 한다.

2. 두 번 나오는 무늬는 가운데 원에 있을 수도 있고 없을 수도 있다.

3. 세 번 나오는 무늬는 가운데 원에 반드시 있어야 한다.

4. 네 번 나오는 무늬는 가운데 원에 없어야 한다.

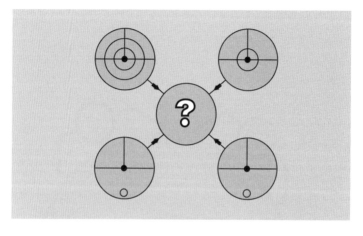

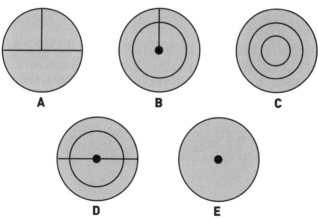

A   B   C

D   E

답: 209쪽

문제 094 ★★★★☆

원탁에서의 대화

네 사람이 원탁에 앉아 있다. 정면으로 봤을 때 네 사람과 가장 멀리
떨어져 앉으려면 다음 사람은 어디에 앉아야 할까?

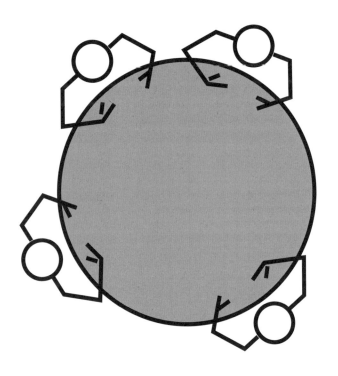

답: 210쪽

사라진 숫자

아래 격자에 숫자들이 두 가지 규칙에 따라 적혀 있다. 빈칸에 들어갈 숫자는 무엇일까?

6	4	7	8	3	7
8	2	5	1	5	6
3		8	6	4	8
8	6	5	3	7	6
5	4	7			5
	8	6	4	7	8

답: 210쪽

숨겨진 모서리 숫자

아래 삼각형들을 잘 살펴보자. 물음표에 들어갈 숫자는 무엇일까?

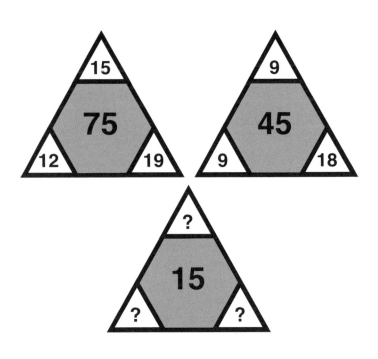

답: 210쪽

움직이는 무늬

아래 격자들을 잘 살펴보자. 다음에 올 격자는 어느 것일까?

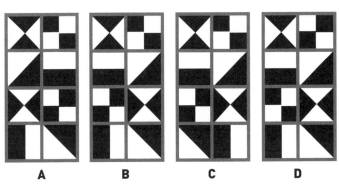

A   B   C   D

답: 211쪽

다이아몬드 나누기 1

다이아몬드를 똑같은 모양의 조각 네 개로 나누어라. 단, 조각마다 다섯 가지 기호가 하나씩 들어 있어야 한다. 네 조각으로 나누려면 선을 어떻게 그어야 할까?

답: 211쪽

수조 속의 물

두 남자가 정사각형 수조의 물이 정확히 수조의 절반인지 아닌지를 두고 옥신각신하고 있다. 물을 빼거나 도구를 사용하지 않고도 어떻게 정답을 알아낼 수 있을까?

답: 212쪽

문제 100

다섯 친구의 승용차

찰리와 친구들은 생산 연도, 시트커버, 색깔이 모두 다른 차를 가지고 있다. 누가 언제 만든 차를 가지고 있을까? 또, 차들의 색깔과 시트커버는 무엇일까?

		생산 연도					시트커버					차의 색깔				
		1991	1992	1993	1994	1995	타탄 무늬	가죽	갈색	연황색	줄무늬	빨간색	파란색	흰색	검은색	초록색
이름	찰리															
	짐															
	빌															
	프레드															
	해리															
차의 색깔	빨간색															
	파란색															
	흰색															
	검은색															
	초록색															
시트커버	타탄 무늬															
	가죽															
	갈색															
	연황색															
	줄무늬															

1. 1993년식 차의 시트커버는 연황색이 아닌 타탄 무늬다.

2. 시트커버가 갈색인 차의 색깔은 파란색이다.

3. 해리의 차는 빨간색이고, 줄무늬 시트가 장착된 1991년식이다.

4. 프레드는 찰리의 초록색 차보다 오래된 차를 가지고 있다.

5. 짐의 차는 1992년에, 찰리의 차는 1995년에 생산되었다.

6. 가죽 시트를 가지고 있는 차의 색깔은 흰색이고, 소유자는 빌이 아니다.

7. 빌이 가지고 있는 1994년식 차는 검은색이 아니다.

이름	생산 연도	시트커버	차의 색깔

답: 212쪽

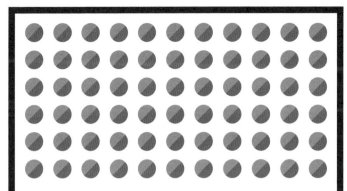

LOGIC C

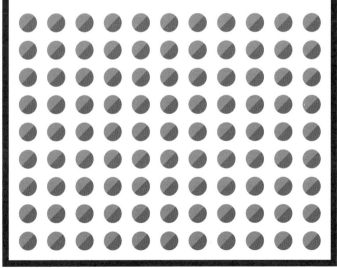

★★★☆☆

당구 내기

빌이 짐에게 말했다. "돈 내기 당구 어때? 열 번의 내기를 하는데, 한 판이 끝나면 이기는 사람에게 지갑에 들어 있는 돈의 절반을 주는 거야. 자네 지갑에 8달러가 있으니 첫 판은 4달러를 걸고 하지. 자네가 이기면 내가 자네에게 4달러를 줄 것이고, 내가 이기면 자네가 나에게 4달러를 줘. 두 번째 판에는 자네 수중의 돈이 12달러 아니면 4달러일 테니 판돈이 6달러나 2달러가 되겠지." 승부가 끝나고 보니 빌이 네 번, 짐이 여섯 번 이겼다. 하지만 짐에게는 5.7달러만 남았다. 어떻게 된 것일까?

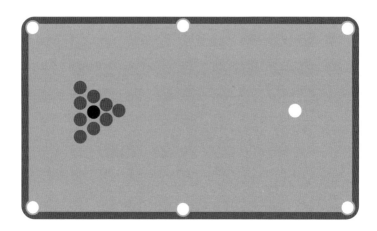

답: 213쪽

★★★☆☆ ─────

문제
102

오피스텔 엘리베이터

한 여자가 36층짜리 고층 오피스텔에 살고 있다. 이 건물에는 모든 층에 멈추는 엘리베이터 여러 대가 있다. 그녀는 매일 아침 엘리베이터 여러 대 중에서 하나를 골라 탄다. 36층에서 내려오는 엘리베이터보다 1층에서 올라오는 엘리베이터를 기다리는 시간이 세 배 더 걸린다면 그녀는 몇 층에 사는 것일까?

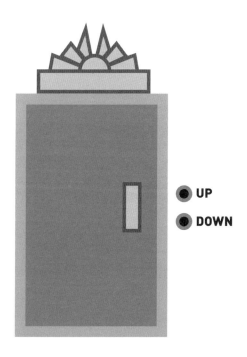

답: 213쪽

점을 찍어라

A~E 중에서 점 하나를 더 찍었을 때 아래 그림과 같은 특성을 갖는 그림은 어느 것일까?

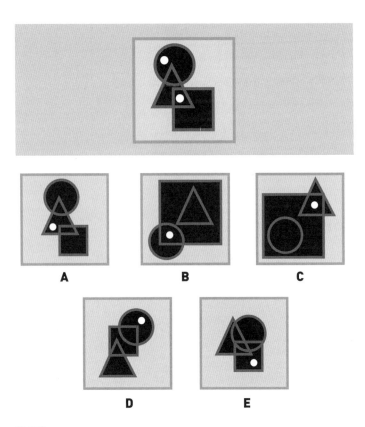

답: 213쪽

호수를 건너는 신기한 방법

섬과 육지에 나무가 한 그루씩 있고 섬은 호수로 둘러싸여 있다. 폭이 80m인 호수는 깊기 때문에 걸어서 건널 수 없다. 수영을 못하는 한 사람이 섬으로 건너가고 싶지만 가진 것은 300m 길이의 밧줄 하나가 전부다. 그는 어떻게 해야 할까?

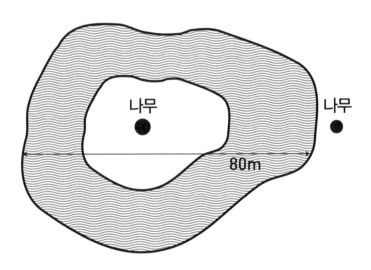

답: 214쪽

펼친 주사위

아래에 주사위 여섯 개와 전개도가 있다. 이 전개도로 만들 수 없는
주사위는 어떤 것일까?

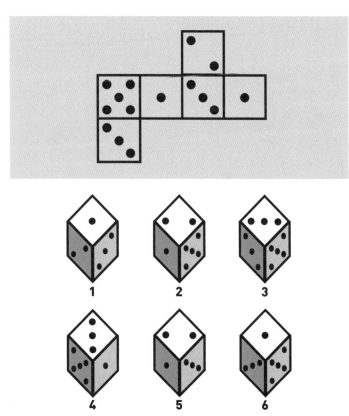

바텐더의 맥주 한 잔

뉴욕의 바에서 한 남자가 바텐더에게 맥주 한 잔을 주문했다. "기본으로 드릴까요? 스페셜로 드릴까요?" 바텐더가 물었다. "뭐가 다르죠?" 남자가 물었다. "기본은 90센트, 스페셜은 1달러입니다." 바텐더가 대답했다. 남자는 1달러를 내밀며 말했다. "그럼 스페셜로 주세요." 잠시 후 다른 손님이 들어와 테이블에 1달러를 내려놓으면서 말했다. "맥주 한 잔 주세요." 그러자 바텐더는 별다른 질문 없이 스페셜 맥주를 건넸다. 바텐더는 왜 물어보지 않았을까?

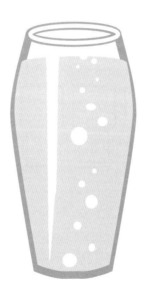

답: 214쪽

자리 배치

한 교실에서 1번~5번 의자에 남학생들이, 6번~10번 의자에는 여학생들이 앉기로 했다. 이 규칙을 따랐을 때 자리 배치는 다음과 같았다. 어디에, 누가 앉을까?

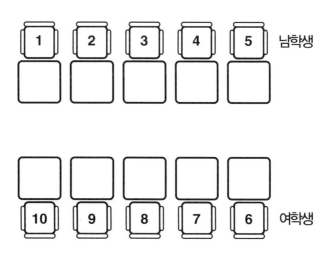

* 남학생 : 데이비드, 빌, 앨런, 에디, 콜린
  여학생 : 그레이스, 인디라, 제인, 피오나, 힐러리

1. 1번 맞은편 자리의 옆에 앉은 여학생은 피오나다.

2. 피오나는 그레이스에게서 세 자리 떨어져 있다.

3. 힐러리는 콜린과 마주 보고 앉아 있다.

4. 에디의 정면에 앉은 여학생 옆에는 힐러리가 앉는다.

5. 콜린이 가운데가 아니라면 앨런이 가운데다.

6. 데이비드는 빌 옆에 앉는다.

7. 피오나가 가운데가 아니라면 인디라가 가운데다.

8. 힐러리는 제인에게서 세 자리 떨어져 있다.

9. 데이비드와 마주 보는 여학생은 그레이스다.

답: 214쪽

★☆☆☆☆

잘못된 칸을 찾아라 3

아래 격자에서 '1A'부터 '3C'까지, 각 칸의 도형은 제일 왼쪽 숫자 칸의 도형과 맨 위 알파벳 칸의 도형을 합친 것이다. 예를 들어 '2'의 도형과 'B'의 도형을 합하면 '2B'의 도형이 된다. 이 규칙을 적용할 때 잘못된 칸이 하나 있다. 어느 것일까?

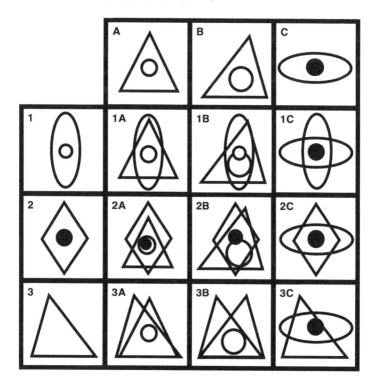

답: 215쪽

★☆☆☆☆

문제
109

시간 예측하기

아래 시계들을 잘 살펴보자. 다음에 올 시계 그림은 어느 것일까?

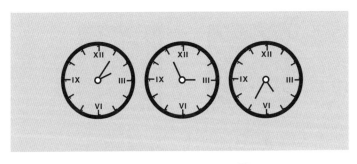

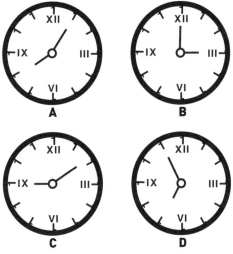

답: 215쪽

이상한 도형

다음 중 나머지와 다른 하나는 어느 것일까?

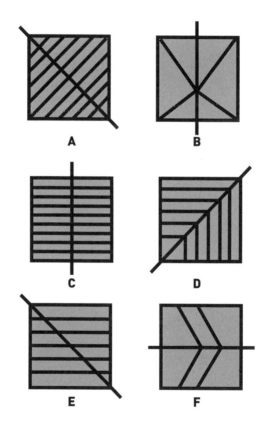

답: 215쪽

피라미드 원

아래 원들을 잘 살펴보자. 물음표에 들어갈 원은 어느 것일까?

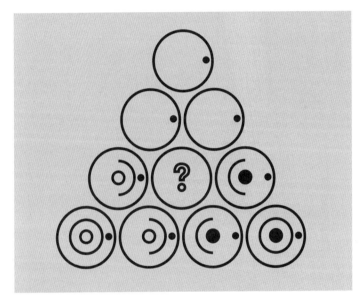

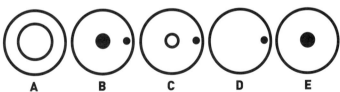

답: 215쪽

★★★☆☆

도형의 짝을 찾아라 6

아래 도형들의 관계를 파악해보자. 빈칸에 들어갈 도형은 어느 것
일까?

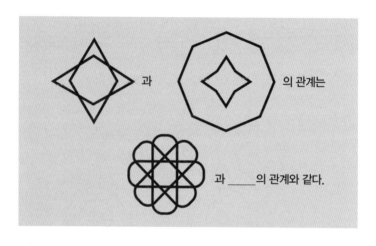

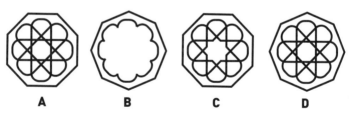

A   **B**   **C**   **D**

답: 215쪽

★★★★★ ───── 문제
113
───────

숨어 있는 규칙을 찾아라

아래 숫자들에는 규칙이 숨어 있다. 참고로, 마지막 숫자는 8이 아니라 7이 맞다. 물음표에 들어갈 숫자는 무엇일까?

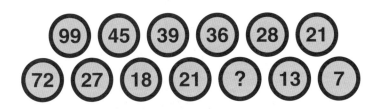

답: 216쪽

트리오미노 수수께끼

아래에 세 개의 정사각형을 세로로 연결한 트리오미노 세 개가 있다. 다음에 올 트리오미노는 어느 것일까?

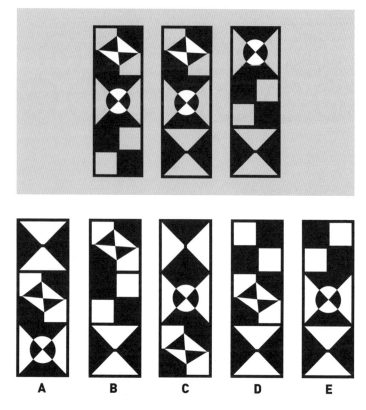

A　　B　　C　　D　　E

답: 216쪽

우리 딸들은 몇 살일까요?

통계청 조사원이 14번지를 방문했다. 그가 집주인에게 세 딸의 나이를 묻자 여자는 이렇게 대답했다.

"아이들의 나이를 모두 곱하면 72가 되고 모두 더하면 여기 현관문에 적힌 번지수와 같은 숫자가 되죠."
조사원이 말했다. "그것만으로는 잘 모르겠는데요."
"흠, 큰딸이 의족을 한 고양이를 키워요."
그제야 조사원은 웃으며 대답했다.
"아하! 이제 아이들이 몇 살인지 알겠네요."

세 딸의 나이는 각각 몇 살일까?

답: 217쪽

강아지 경연대회

강아지 경연대회에서 앤디, 빌, 콜린, 도날드 이렇게 네 형제가 각자 강아지 두 마리씩 데리고 출전했다. 네 형제는 자신과 같은 이름의 강아지를 키우지 않고, 서로 이름이 다른 강아지 두 마리씩 키운다. 또, 한 종에서 같은 이름을 가진 강아지는 없다. 아래 단서를 참고해서 답을 찾아라. 달마티안의 주인과 달마티안 두 마리의 이름은 무엇일까?

1. 앤디가 두 마리, 빌이 두 마리, 콜린이 두 마리, 도날드가 두 마리다.

2. 여덟 마리 중 세 마리는 코기 종, 세 마리는 래브라도 종, 두 마리는 달마티안 종이다.

3. 네 형제 중에 같은 종을 두 마리 키우는 사람은 한 명도 없다.

4. 앤디는 도날드라는 강아지를 키우지 않고, 콜린은 앤디라는 강아지를 키우지 않는다.

5. 코기 종 강아지 중에는 앤디가 없고, 래브라도 종 강아지 중에는 도날드가 없다.

6. 빌은 래브라도 종을, 콜린은 코기 종을 키우지 않는다.

답: 217쪽

직업 알아맞히기

카터, 버틀러, 드로버, 헌터가 마부, 집사, 목동, 사냥꾼으로 고용되었다. 하지만 네 사람의 이름은 각자의 직업과 아무 상관이 없다. 그들은 이렇게 말했다.

카터 : 나는 사냥꾼입니다.

드로버 : 나는 마부입니다.

버틀러 : 나는 사냥꾼이 아닙니다.

헌터 : 나는 집사가 아닙니다.

네 명 중에서 세 명이 거짓말을 하고 있다면 목동은 누구일까?

* 영어로 마부는 Carter(카터), 집사는 Butler(버틀러), 목동은 Drover(드로버), 사냥꾼은 Hunter(헌터)다.

답: 217쪽

★ ★ ★ ★ ☆

새를 좋아하는 다섯 남자

국적이 모두 다른 다섯 남자는 서로 다른 새를 좋아하고, 다섯 마리의 새는 저마다 다른 별명이 있다. 다섯 남자의 이름과 국적은 무엇이고, 어떤 별명을 가진 새를 좋아할까?

		국적					새					별명				
		독일	벨기에	프랑스	네덜란드	스웨덴	부엉이	물떼새	찌르레기	까마귀	큰까마귀	웅얼이	펄럭이	까칠이	심술이	총총이
이름	앨버트															
	로저															
	해럴드															
	캐머런															
	에드워드															
별명	웅얼이															
	펄럭이															
	까칠이															
	심술이															
	총총이															
새	부엉이															
	물떼새															
	찌르레기															
	까마귀															
	큰까마귀															

1. 로저가 좋아하는 새는 물떼새가 아니고, 물떼새는 총총이라고 불리지 않는다.

2. 까마귀를 좋아하는 남자는 프랑스에서 왔고, 이름은 에드워드가 아니다. 에드워드는 스코틀랜드 사람이 아니다.

3. 앨버트는 부엉이를 좋아하고, 찌르레기의 별명은 웅얼이다.

4. 독일에서 온 해럴드는 큰까마귀를 좋아하고, 잉글랜드 남자는 찌르레기를 좋아한다.

5. 에드워드가 좋아하는 새는 까칠이로 불리는 큰까마귀가 아니고, 심술이를 좋아하는 남자는 프랑스에서 왔다.

6. 캐머런은 벨기에 사람이 아니고, 앨버트는 스코틀랜드 사람이 아니다.

7. 펄럭이를 좋아하는 남자는 독일 사람이 아니다.

이름	국적	새	별명

답: 218쪽

시장에 가면

주부 다섯 명이 각자 집에서 사용할 살림살이를 하나씩 구매했다.
누가 어떤 물건을 샀고, 그 물건을 어디에서 사용할까?

		주부의 성					물건					방				
		율리엣슨	심슨	프링글	랭글	그리그스	텔레비전	책장	오디오	컴퓨터	전화기	거실	부엌	온실	침실	서재
주부의 이름	카일리															
	에이미															
	클라라															
	미셸															
	록산느															
방	거실															
	부엌															
	온실															
	침실															
	서재															
물건	텔레비전															
	책장															
	오디오															
	컴퓨터															
	전화기															

1. 심슨 부인은 산 물건을 침실에 두지 않았고, 딩글 부인은 물건을 온실에 두었다.

2. 에이미는 텔레비전을 샀고, 그리그스 부인은 오디오를 샀다.

3. 카일리는 물건을 온실에 두었고, 클라라는 전화기를 사지 않았다.

4. 윌리엄스 부인은 산 물건을 부엌에서 쓰지 않고, 그리그스 부인은 물건을 거실에서 사용한다.

5. 미셸은 책장을 샀고, 딩글 부인은 컴퓨터를 구매했다.

6. 미셸이 물건을 둔 곳은 거실이 아니고, 에이미는 침실에 물건을 두었다.

7. 프링글 부인은 물건을 서재에 갖다 놓았고, 록산느는 부엌에서 물건을 사용한다.

주부의 이름	주부의 성	방	물건

답: 218쪽

스포츠 클럽의 나무

다섯 개의 스포츠 클럽은 해마다 돌아가며 대로변에 나무 한 그루씩을 심는다. 이 나무들에 각각 다른 종류의 새가 둥지를 틀었다. 어느 클럽의 누가, 언제, 어떤 나무를 심었을까? 또, 각 나무에 어떤 새가 살고 있을까?

1. 너도밤나무에는 까마귀가 산다.

2. 한 클럽은 골프 클럽이 나무를 심은 지 2년 후에 라임나무를 심었다.

3. 참새는 축구 클럽 명패가 붙은 나무의 바로 옆에 있는 볼링 클럽이 심은 나무에 둥지를 틀었다.

4. 짐은 1971년에 나무를 심었다.

5. 찌르레기는 1974년에 데스먼드가 심은 포플러나무에 산다.

6. 한가운데에 있는 너도밤나무를 심은 사람은 토니다.

7. 물푸레나무 옆에 빌이 심은 나무에는 부엉이가 살고 있다.

8. 오른쪽 맨 끝에 있는 나무는 1974년에 축구 클럽이 심은 것이다.

9. 느릅나무는 1970년에 심은 것이다.

10. 테니스 클럽이 1972년에 나무를 심었다.

11. 스쿼시 클럽이 1970년에 나무를 심었다.

12. 실베스터가 1973년에 심은 나무에는 참새가 산다.

13. 짐이 심은 나무에 지빠귀의 집이 있다.

나무				
회원				
클럽				
새				
연도				

답: 218쪽

★★★★★

외계인 손가락

외계인 몇 명이 한 방에 모였다. 아래는 외계인의 수에 관련된 단서다. 방 안에 있는 외계인은 모두 몇 명일까?

1. 외계인들의 손가락 개수의 총합을 알면 이 방에 있는 외계인의 수를 알 수 있다.

2. 각 외계인은 한 손에 두 개 이상의 손가락을 가지고 있다.

3. 각 외계인의 손가락 개수는 모두 같지만 왼손과 오른손에 달린 손가락 개수는 다르다.

4. 방 안에 있는 모든 외계인 손가락의 개수는 200과 300 사이다.

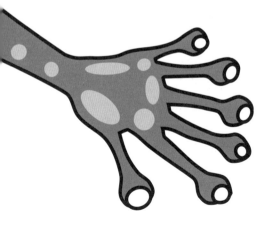

답: 218쪽

문제 122

삼각형을 덮어라

아래 삼각형 격자를 밑그림 삼아서 나열된 조각 12개로 그 위를 덮
어라. 조각을 회전하지 말고 그대로 올려놓아야 한다. 단, 조각이 격
자의 모든 선을 덮지는 않는다. 어떻게 덮어야 할까?

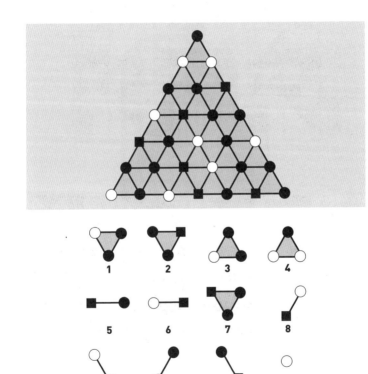

답: 219쪽

윌리스 타워

미국 시카고의 명물인 윌리스 타워는 초고층 건물의 위용을 자랑한다. 이 건물의 높이는 전체 높이의 절반에 225미터를 더한 값이다. 윌리스 타워의 높이는 몇 미터일까?

답: 219쪽

가지치기하는 날

돈과 스펜서가 마을 가로수의 지저분한 가지들을 정리하기로 했다. 도로 양쪽에는 똑같은 수의 나무가 늘어서 있었다. 돈이 일찍 나와서 오른쪽 나무 세 그루의 가지치기를 마쳤을 때 스펜서가 나타났다. 그런데 스펜서가 말하길 돈은 왼쪽 담당이라는 것이다. 돈은 도로 왼쪽으로 가서 작업을 시작했고 스펜서는 오른쪽 나무들을 이어서 손봤다. 원래 맡았던 구역의 일을 마친 스펜서는 반대쪽으로 넘어가 돈 대신 나무 여섯 그루를 정리해주었다. 누가 얼마나 더 많은 나무를 가지치기했을까?

답: 219쪽

연극 관람

네 쌍의 부부가 함께 연극을 보러 갔다. 모두 같은 줄에 앉았지만 나란히 앉은 부부는 한 쌍도 없고 한 쪽 끝에는 남자가, 그 반대쪽 끝에는 여자가 앉아 있다. 네 부부의 성은 앤드루스, 바커, 콜린스, 던롭이다. 네 쌍의 부부가 앉아 있는 순서는 어떻게 될까?

1. 맨 끝에 앉은 사람은 던롭 부인 아니면 앤드루스다.

2. 앤드루스의 양쪽에는 콜린스 부부가 앉아 있다.

3. 콜린스는 던롭 부인에게서 두 자리 떨어져 있다.

4. 콜린스 부인은 바커 부부 사이의 중간에 앉아 있다.

5. 앤드루스 부인의 좌석은 끝에서 두 번째다.

6. 던롭은 앤드루스에게서 두 자리 떨어져 있다.

7. 콜린스 부인의 좌석은 왼쪽 끝보다 오른쪽 끝과 더 가깝다.

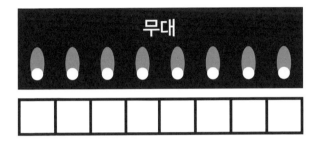

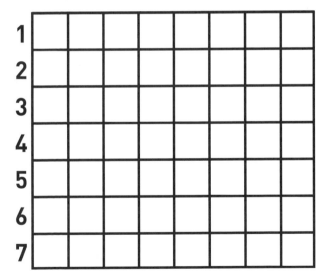

답: 219쪽

시가지 통과하기

한 도시에는 뉴욕 맨해튼처럼 만든 다이아몬드 형태의 시가지가 있다. A에서 B로 가려고 할 때, 이동 경로는 모두 몇 가지일까?

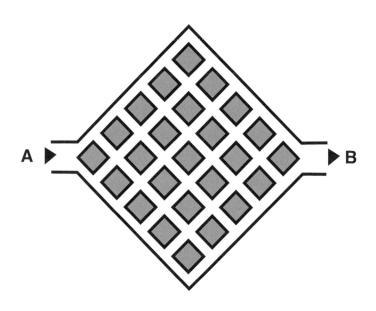

답: 220쪽

룰렛을 돌려라

숫자 1부터 36까지 표시된 룰렛이 있다. 한 사람이 숫자 하나에 돈을 걸었다. 이 숫자는 3의 배수이자 홀수이고, 십의 자리 숫자와 일의 자리 숫자를 더한 값은 4보다 크고 8보다 작다. 십의 자리 숫자와 일의 자리 숫자를 곱한 값도 4와 8 사이에 있다. 이 사람은 과연 어떤 숫자에 돈을 걸었을까?

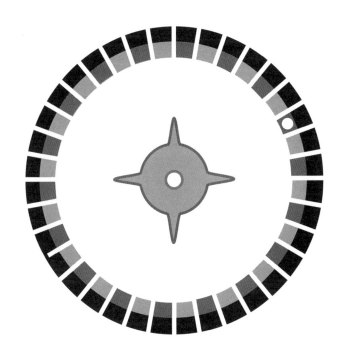

답: 220쪽

숫자를 채워라

아래 격자에 4부터 16까지의 숫자들이 간단한 규칙에 따라 적혀 있다. 어느 칸에 1, 2, 3이 들어가야 할까?

	14	10	7
9	6		4
16		13	11
12	8	5	15

답: 220쪽

★★☆☆☆

움직이는 정육각형

아래 도형들을 잘 살펴보자. 다음에 올 도형은 어느 것일까?

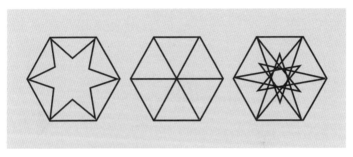

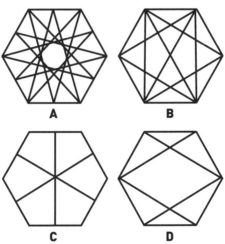

답: 221쪽

정원 산책

여자의 집은 아래 그림과 같은 정원에 둘러싸여 있다. 2m 너비의 길을 따라서 가면 집에 도착한다. 여자가 통로의 중앙으로만 걸어서 집에 가려고 할 때, 얼마나 걸어야 할까?

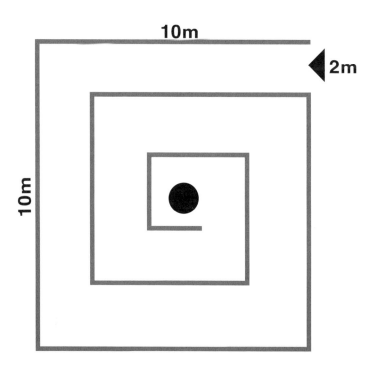

답: 221쪽

부러진 막대기

막대기가 세 조각으로 부러졌다. 길이를 재거나 삼각형을 만들려는 시도를 하지 않고도 세 조각으로 삼각형을 만들 수 있는지 알려면 어떻게 해야 할까?

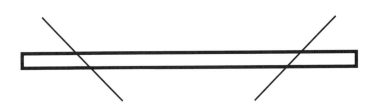

답: 221쪽

★★☆☆☆

해군의 근무지

계급이 다른 해군 다섯 명이 모두 다른 배에서 근무한다. 어느 해군이 어떤 군함을 타고 와서, 어느 항구에 머물고 있을까?

		계급					군함					항구				
		중령	대령	부사관	준위	병장	순항함	전함	구축함	잠수함	항공모함	몰타	크레타	포클랜드	지브롤터	포츠머스
이름	퍼킨스															
	워드															
	매닝															
	듀허스트															
	브랜드															
항구	몰타															
	크레타															
	포클랜드															
	지브롤터															
	포츠머스															
군함	순항함															
	전함															
	구축함															
	잠수함															
	항공모함															

1. 매닝은 포클랜드에 머물고 있고, 보급관의 이름은 듀허스트다.

2. 브랜드는 전함에서 근무하고, 보급관이 타는 배는 순항함이 아니다.

3. 퍼킨스는 항공모함을 타고 왔고, 워드는 지금 포츠머스에 있다.

4. 중령은 포클랜드에서 근무하고, 매닝의 근무지는 잠수함이다.

5. 전함이 정박한 곳은 크레타고, 퍼킨스는 몰타에 있다.

6. 구축함은 지브롤터의 항구에 정박해 있고, 부사관이 머무는 곳은 몰타다.

7. 브랜드의 계급은 대령이고, 일병이 탄 배는 구축함이 아니다.

해군의 이름	계급	군함	항구

답: 222쪽

★★☆☆☆

요정들의 보물

북유럽에 위치한 다섯 나라에는 다섯 종족의 요정이 산다. 요정들에게는 각기 소중히 여기는 보물이 있다. 각 종족은 어떤 보물을 소중히 여길까? 또, 요정들의 성격은 어떨까?

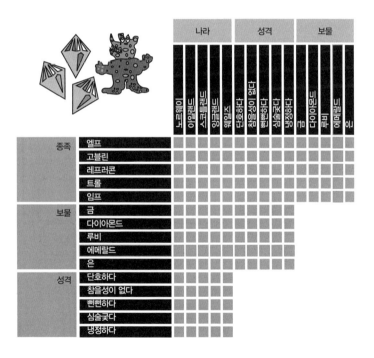

		나라					성격					보물				
		노르웨이	아일랜드	스코틀랜드	잉글랜드	웨일즈	단호하다	참을성이 없다	뻔뻔하다	심술궂다	냉정하다	금	다이아몬드	루비	에메랄드	은
종족	엘프															
	고블린															
	레프러콘															
	트롤															
	임프															
보물	금															
	다이아몬드															
	루비															
	에메랄드															
	은															
성격	단호하다															
	참을성이 없다															
	뻔뻔하다															
	심술궂다															
	냉정하다															

1. 레프러콘은 뻔뻔하고, 루비는 스코틀랜드에서 나온다.

2. 임프는 은을 소중히 여기고, 엘프는 노르웨이에 산다.

3. 스코틀랜드에는 트롤이 살고, 고블린이 가진 보물은 금이다.

4. 엘프는 냉정하고, 스코틀랜드에 사는 종족은 심술궂다.

5. 고블린은 단호하고, 임프는 잉글랜드에 가면 볼 수 있다.

6. 임프는 참을성이 없고, 냉정한 종족은 웨일즈에 살지 않는다.

7. 다이아몬드가 없는 아일랜드에는 에메랄드가 있다.

종족	나라	성격	보물

답: 222쪽

마을 축제

나이가 다른 다섯 명의 아이들이 각자 다른 음식을 먹고, 다른 놀이 기구를 타면서 축제를 즐겼다. 아이들은 몇 살일까? 또, 아이들은 무엇을 먹고, 어떤 놀이기구를 탔을까?

		나이					놀이기구					음식				
		11	12	13	14	15	롤러코스터	범퍼카	후룸라이드	회전목마	악어열차	아이스크림	핫도그	솜사탕	감자튀김	껌
이름	샘															
	조															
	돈															
	렌															
	론															
음식	아이스크림															
	핫도그															
	솜사탕															
	감자튀김															
	껌															
놀이기구	롤러코스터															
	범퍼카															
	후룸라이드															
	회전목마															
	악어열차															

1. 론은 아이스크림을 먹었고 조는 껌을 씹지 않았다.

2. 14살인 샘은 후룸라이드를 타지 않았다.

3. 15살짜리 소년은 악어열차를 탔다.

4. 렌은 범퍼카를 타지 않았고, 돈은 회전목마에 올랐다.

5. 아이스크림을 고른 소년은 13살이다.

6. 범퍼카를 탄 소년은 핫도그를 먹었다.

7. 렌보다 4살 어린 조는 롤러코스터 안에서 감자튀김을 먹었다.

8. 12살인 돈은 솜사탕을 먹었다.

이름	나이	놀이기구	음식

답: 222쪽

숫자 놀이

패트릭과 브루스가 한 집의 현관문을 교체하고 있었다. 거의 모든 작업을 마치고 난 뒤 번호판을 고정하는 작업만 남았다. 멘사 회원인 패트릭은 갑자기 브루스를 놀려주고 싶었다. 그래서 그는 브루스에게 4, 7, 6, 1을 조합해서 9로 나누어떨어지지 않는 네 자리 수를 만들어보라고 했다. 브루스는 이에 질세라 패트릭에게 똑같이 4, 7, 6, 1을 조합해서 3으로 나누어떨어지지 않는 네 자리 수를 만들어보라고 했다. 두 문제의 답은 무엇일까? 답을 구할 수는 있을까?

답: 222쪽

문제
136

세 정당의 회동

한 나라에 세 개의 정당이 있다. 당원의 특성은 아래와 같다.

1. 진지당원은 육각형 집에 모이고 언제나 진실만을 말한다.
2. 사기당원은 오각형 집에 모이고 언제나 거짓말만 한다.
3. 박쥐당원은 원형 집에 모이고 입 밖으로 내뱉는 말은 무엇이든 진실로 인정받는다.

어느 날 아침, 한 무리에 30명씩, 총 90명의 사람들이 도시에 모였다. 한 무리는 한 정당의 사람들만 모였고, 다른 무리는 두 정당에서 15명씩 모였다. 나머지 무리는 세 정당에서 10명씩 모였다. 세 무리는 각자 아래와 같은 주장을 했다.

첫 번째 무리의 사람들은 "우리는 모두 사기당원이다."라고 말했다.
두 번째 무리의 사람들은 "우리는 모두 박쥐당원이다."라고 말했다.
세 번째 무리의 사람들은 "우리는 모두 진지당원이다."라고 말했다.
이날 저녁 오각형 집에 모일 사람은 총 몇 명일까?

답: 223쪽

라스베이거스에서 생긴 일

라스베이거스에서 도박사 디아블로, 스카페이스, 럭키가 만났다. 그들은 주사위를 던져 더 큰 숫자가 나온 사람이 이기는 주사위 게임을 했다. 게임 규칙은 아래와 같다.

1. 각 플레이어는 숫자 1~9 중에서 세 개를 고른다.

2. 연속된 두 숫자를 고를 수 없다.

3. 주사위마다 서로 다른 숫자 세 개를 두 번씩 적는데, 숫자 여섯 개를 모두 더했을 때 합은 30 이하여야 한다.

4. 두 명이 같은 숫자 조합을 고를 수 없다.

이 규칙에 따라서 각자 숫자를 고르고, 주사위에 적어 대결을 시작했다. 신기하게도 대결을 반복하다보니 결국에는 디아블로가 스카페이스를 이기고, 스카페이스가 럭키를 이기고, 럭키가 디아블로를 이길 수밖에 없었다. 그들이 적은 숫자는 무엇일까?

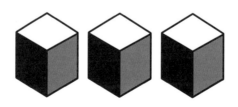

답: 224쪽

도형의 짝을 찾아라 7

아래 도형들의 관계를 파악해보자. 빈칸에 들어갈 도형은 어느 것
일까?

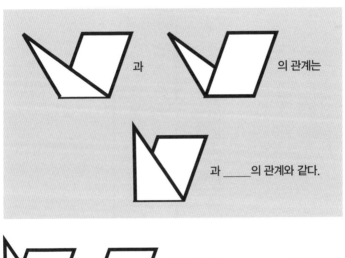

A　　**B**　　**C**　　**D**

답: 224쪽

숫자 게임

단계마다 나오는 숫자를 차례대로 적어라. 어떤 숫자들이 나왔을까?

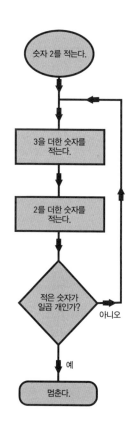

답: 224쪽

육각형 속의 무늬

비어 있는 육각형에 들어갈 그림은 어느 것일까?

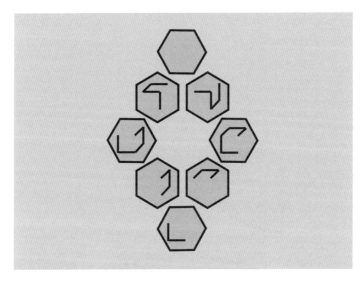

A

B

C

D

답: 225쪽

가짜 금화를 찾아라

금화가 가득 들어 있는 자루 세 개가 있다. 각 자루에 금화가 정확히 몇 개 들어 있는지는 아무도 모른다. 단, 자루 한 개에는 무게 55그램짜리 가짜 금화가, 나머지 두 개에는 무게 50그램짜리 진짜 금화가 들어 있다. 어느 것이 가짜 금화 자루인지 알아내려고 할 때, 저울을 최소 몇 번 사용해야 할까?

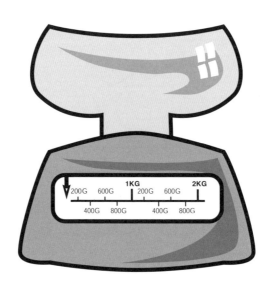

답: 225쪽

★★★★☆

문제 142

이상한 등식

숫자만 움직여서 등식이 성립하도록 만들려면 어떻게 해야 할까?

76=24

답: 225쪽

문제 143

★★★★★

지워진 숫자

아래 표 속에 나열된 숫자들은 일정한 규칙에 따라 적혀 있다. 단, 첫 번째 표와 두 번째 표의 숫자에 적용되는 규칙은 다르다. 빈칸에 들어갈 숫자는 무엇일까?

74882	3584	
29637		192
74826		

528	116	
793		335
821		

답: 226쪽

수업 시간표

대학생 앤, 캔디스, 베스는 물리학, 대수학, 영어, 역사, 프랑스어, 일본어 중에서 네 과목씩 수강한다. 각 과목마다 세 명 중 두 명만 수강한다고 할 때 앤, 캔디스, 베스는 어떤 과목을 수강할까?

앤 : 대수학을 들으면 역사도 듣는다.

역사를 들으면 영어는 듣지 않는다.

영어를 들으면 일본어는 듣지 않는다.

캔디스 : 프랑스어를 들으면 대수학은 듣지 않는다.

대수학을 듣지 않으면 일본어를 듣는다.

일본어를 들으면 영어는 듣지 않는다.

베스 : 영어를 들으면 일본어도 듣는다.

일본어를 들으면 대수학은 듣지 않는다.

대수학을 들으면 프랑스어는 듣지 않는다.

	앤	캔디스	베스
물리학			
대수학			
영어			
역사			
프랑스어			
일본어			

답: 226쪽

★★★☆☆

연봉 인상을 하려면?

한 회사가 노조와 연봉 협상을 하면서 두 가지 방안을 제시했다. 하나는 초봉을 2만 달러로 하고 12개월마다 500달러씩 더 받는 것이고, 다른 하나는 첫 6개월 동안 1만 달러를 받고 이후 6개월마다 125달러씩 더 받는 것이다. 두 번째 방법을 선택하면 임금을 6개월마다 받는다. 노조는 어느 쪽을 선택하는 것이 좋을까?

답: 226쪽

★★★☆☆

문제 146

사격 시합

케첩 대령, 머스터드 소령, 처트니 대위가 사격 시합을 했다. 아래 그림처럼 세 사람이 여섯 발씩 쏘았고, 그들의 점수는 동일하게 71점이었다. 케첩 대령이 쏜 처음 두 발의 점수를 더하면 22점이었고, 머스터드 소령의 첫 발은 3점이었다. 50점을 맞춘 사람은 누구일까?

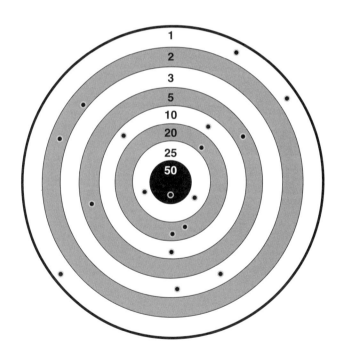

답: 227쪽

문제 147

개구리와 파리

개구리 29마리가 29분 동안 파리 29마리를 잡았다. 만약에 87분 동안 파리 87마리를 잡으려면 개구리 몇 마리가 필요할까?

답: 227쪽

여섯 개의 술통

한 양조장의 창고에는 와인과 맥주가 담긴 술통들이 있다. 아래 단서를 참고해서 답을 찾아라. 맥주가 담겨 있는 술통은 어느 것일까?

1. 통에 담긴 술의 양은 30갤런, 32갤런, 36갤런, 38갤런, 40갤런, 62갤런으로 제각각이다.

2. 다섯 통에 와인이, 한 통에는 맥주가 담겨 있다.

3. 첫 번째 손님이 와인 두 통을 샀고, 두 번째 손님은 첫 번째 손님이 산 와인의 두 배에 달하는 양의 와인을 가져갔다.

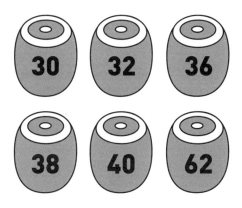

답: 227쪽

다이아몬드 나누기 2

다이아몬드를 똑같은 모양의 조각 네 개로 나누어라. 단, 조각마다 다섯 가지 기호가 하나씩 들어 있어야 한다. 네 조각으로 나누려면 선을 어떻게 그어야 할까?

답: 228쪽

로봇 쥐가 다니는 3D 미로

사방이 뚫려 있고 216개의 칸으로 이루어진 3D 미로가 있다. 정면 오른쪽 끝의 맨 밑 칸에 로봇 쥐를 넣었다. 이제 녀석을 리모컨으로 조종할 것이다. 오른쪽이나 왼쪽으로 세 칸 옮긴 다음에 위나 아래로 두 칸 옮긴다. 이 규칙에 따라 로봇 쥐를 정중앙 칸으로 이동시킬 수 있을까? 정중앙 칸으로 옮기려면 쥐를 최소 몇 칸 이동시켜야 할까?

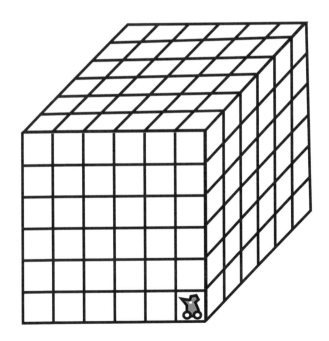

답: 228쪽

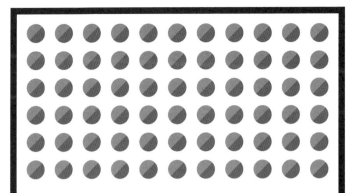

해답

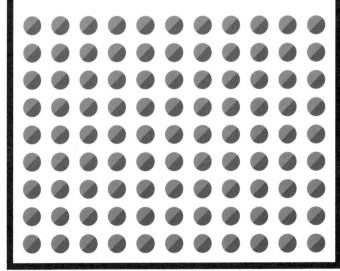

1357531
책을 거꾸로 들면 타일들의 사이에 숫자가 보인다.

44짝
최악의 상황은 파란색 왼쪽 양말 21짝, 줄무늬 왼쪽 양말 14짝, 검은색 왼쪽 양말 8짝이 나온 다음에 검은색 오른쪽 양말 1짝을 꺼내는 것이다.

어니 블랙
배리 글루미, 데이비드 다크, 어니 블랙이 진실을 말했으므로 범인은 어니 블랙이다.

B
가상의 수평선을 기준으로 도형의 위아래를 뒤집는다.

B

그레이엄은 9살이고 프레더릭은 27살이다.
27의 제곱은 729로, 9를 세제곱한 값과 같다. 계단은 18개, 울타리는 36개, 벽돌은 243개로 이 세 숫자를 모두 더하면 현관문에 적힌 297이 된다.

007 64호

첫 번째 질문의 답이 '아니요', 두 번째와 세 번째 질문의 답이 '예'일 때만 마지막에 숫자 한 개, 64가 남는다. 따라서 아치볼트의 집 주소는 64호다. 다른 대답이 나오는 경우에는 숫자가 한 개만 남지 않는다.

008 C

가로줄과 세로줄마다 세로 깃발, 검은 깃발, 검은색 원과 검은색 삼각형이 하나씩 있다. 또, 왼쪽, 오른쪽, 아래를 향하는 삼각형이 줄마다 하나씩 있다. 세로 깃발의 위쪽에는 항상 원이 온다.

009 D

사각형마다 바깥쪽에 있는 원 네 개의 무늬를 가운데 원으로 옮기는 규칙이다. 단, 각 원에서 같은 위치에 같은 색의 삼각형이 세 번 나올 때만 그 삼각형을 가운데 원으로 옮긴다.

010

북쪽 ◄──────── 부두 ────────► 남쪽

이름	조	프레드	딕	헨리	말콤
직업	은행가	전기기사	교수	배관공	영업사원
출신 지역	L.A.	올랜도	투손	뉴욕	세인트루이스
미끼	지렁이	빵	구더기	새우	쌀
물고기 수	6	15	10	9	1

011

파일럿의 이름	출발지	목적지
마이크	히스로	뉴욕 JFK
닉	개트윅	밴쿠버
폴	카디프	베를린
로빈	맨체스터	로마
토니	스탠스테드	니스

012

C
B와 D, A와 E가 쌍을 이루고 큰 원과 작은 원이 뒤바뀌어 있다.

013

친구들의 집이 있는 도로들 중에서 가운데 도로를 세로축으로 삼고, 같은 원리로 가운데 거리를 가로축으로 삼아 두 직선이 만나는 곳을 찾으면 된다.

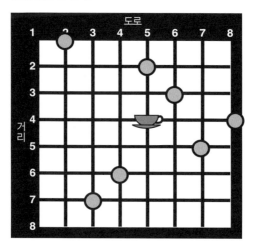

엄마는 40살이고 딸은 10살이다.

 C, E, B, F, H, G, D, A

 2C
'C'의 작은 흰색 원이 보이지 않는다.

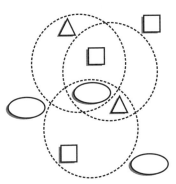

에드워드 피터, 로버트 에드워드, 피터 로버트
성이 피터인 사람의 말에 대답한 사람의 이름이 로버트다. 로버트의 성이 피터일 수 없으므로 성이 피터인 사람의 이름은 에드워드다.

019

4

각 오각형의 제일 위에 있는 숫자를 다섯 제곱한 것은 나머지 숫자를 모두 곱한 값과 같다. 물음표가 적힌 오각형의 경우, $16 \times 8 \times 8 = 1024 (4^5)$이므로 4가 들어가야 한다.

020

22.5마일

10마일 떨어진 곳에서 러셀이 집까지 걸어오는 데 2시간 30분이 걸렸고, 스팟도 집까지 같은 시간 동안 달렸다. 따라서 시속 9마일로 2시간 30분 동안 달린 스팟은 22.5마일을 달렸다.

021

D

선의 아래에 있는 도형 중에서 안쪽 도형을 선과 연결한다. 안쪽 도형을 둘러싸고 있는 도형을 크게 늘려서 저울 전체를 둘러싼다. 다음으로 회색을 검은색으로, 검은색을 회색으로 바꾼다.

022

2달러

소를 팔고 받은 금액은 제곱수여야 한다. 또, 양 한 마리가 남은 것으로 보아 양의 마릿수는 홀수이고, 양을 각각 10달러에 샀으니 제곱수의 십의 자리 수는 홀수여야 한다. 어떤 제곱수의 십의 자리 숫자가 홀수려면 그 제곱수의 일의 자리 숫자가 6일 수밖에 없다. 따라서 양이 몇 마리든 염소의 값은 언제나 6달러다. 빌이 염소와 권총을 교환해서 차이를 메우려고 했으므로 권총은 양과 염소 가격 차이의 반값, 즉 2달러다.

1번 카드와 3번 카드
1번을 가장 먼저 뒤집어 무늬가 삼각형인지 별인지 확인한다. 2번은 뒤집어 볼 필요가 없다. 두 번째로 4번 카드를 뒤집었을 때 검은색이 보이면 명제는 참이 된다. 하지만 흰색이 보이면 3번 카드에 대한 아무런 힌트도 얻을 수 없기 때문에 3번을 뒤집어야 한다. 3번의 반대쪽이 검은색이면 명제는 거짓이 되고, 흰색이면 참이 된다. 따라서 확인해야 할 카드는 1번과 3번이다.

오른쪽으로 5m 떨어진 곳에 주차된 차가 한 대 있을 수 있다. 25m 이내에 '움직이는 차'가 있는지 묻는 질문을 입력해야 했다.

B
A와 F, C와 D, E와 G가 방향만 다를 뿐 모양은 똑같다.

지구가 타원체임을 감안하면 이 협곡은 적도나 그 근처에 있다.

강한 상대, 약한 상대, 강한 상대
약한 상대를 늘 이길 수 있기 때문에 이 순서로 해야 연달아 이길 가능성이 더 높다.

E
A와 C, B와 D가 가상의 수직선을 기준으로 대칭을 이룬다.

체스터 부부

030 **M9의 아내는 F10이고, M3가 핵융합 논문을 발표했다.**

남편	M1	M3	M5	M9	M7
아내	F8	F6	F4	F10	F2
우주선	순간이동기	우주화물기	우주발진기	성운가속기	우주여객기
토론 주제	시간여행	핵융합	우주여행	독심술	반중력
외모	손가락이 12개	눈이 3개	다리가 3개	팔이 4개	발가락 지느러미

 합이 1000이 되는 숫자 세 개씩 한 그룹으로 묶는다.

457 + 168 + 375 = 1000

532 + 217 + 251 = 1000

349 + 218 + 433 = 1000

713 + 106 + 181 = 1000

 90가지

승강장마다 9가지 티켓을 팔고 정류장은 모두 10개이므로 90가지다.

5분의 1

〈경우의 수〉

1) 빨간 공 / 빨간 공

2) 1번 빨간 공 / 흰 공

3) 1번 빨간 공 / 검은 공

4) 2번 빨간 공 / 흰 공

5) 2번 빨간 공 / 검은 공

따라서 나머지 공도 빨간색일 확률은 5분의 1이다.

8679

책을 거꾸로 들었을때 보이는 숫자를 더한다.

이름	성	집 이름	대문 색깔
메이블	스티븐스	로즈코티지	파란색
도로시	힐	힐하우스	빨간색
그레이스	설리번	밸리뷰	흰색
트레이시	피터스	리버사이드	검은색
페기	리버스	화이트하우스	초록색
셰릴	맨비	세누	주황색

D

큰 흰색 원, 작은 흰색 원, 검은 점이 180°씩 회전한다. 검은색 원은 시계 방향으로 90°씩 회전한다.

C

줄무늬 칸은 반시계 방향으로 두 칸 이동했다가 시계 방향으로 한 칸 이동한다. 검은색 칸은 시계 방향으로 두 칸 이동했다가 반시계 방향으로 한 칸 이동한다. 이를 반복한다.

B
나머지는 직선으로 이루어진 도형 안에 곡선이 포함된 도형이 들어 있다.

D
가장 작은 원은 오른쪽으로 두 칸 움직였다가 왼쪽으로 한 칸 움직인다. 중간 크기의 원은 왼쪽으로 한 칸 움직였다가 오른쪽으로 두 칸 움직인다. 가장 큰 원은 오른쪽으로 한 칸 움직였다가 왼쪽으로 두 칸 움직인다.

040

이름	팀	포지션	유니폼 색깔
데이비드	패커스	쿼터백	노란색
클로드	카우보이즈	태클	파란색
빅터	브라운스	러닝백	빨간색
새뮤얼	레이더스	코너백	검은색
빌	팬더스	키커	보라색

041

이름	직업	취미	휴무일
스미스	집사	스쿼시	금요일
존스	정원사	골프	화요일
우드	운전기사	낚시	수요일
클라크	청소부	체스	목요일
제임스	요리사	카드놀이	월요일

아무것도 적혀 있지 않은 칸이 몇 개인지 알 수 없기 때문에 답을 구할 수 없다.

18일

남자는 맥주 통 하나를 마시는 데 27일이 걸리므로 하루에 0.037 통의 맥주를 마시는 셈이다. 같은 방식으로 여자가 하루에 마시는 맥주의 양은 0.0185통이다. 즉, 남자와 여자는 매일 0.0555통을 마신다. 두 사람이 한 통을 마시는 데 걸리는 시간은 약 18일 걸린다.

D

가장 작은 숫자를 없애고, 남은 숫자들의 순서를 뒤바꿔서 적는다.

25분

남편은 평소대로 출발했고, 부부가 절약한 시간은 10분이다. 남편은 기차역에서 집 방향으로 차로 5분 거리만큼 떨어진 지점에서, 즉 6시 25분에 아내를 만난 것이다. 따라서 여자는 6시부터 6시 25분까지 25분 동안 걸었다.

2명 이상

만약 여자 회원 49명 모두 안경을 썼다면 반드시 안경을 쓰는 남자는 21명이 된다. 이 남자 회원들 중 11명의 나이가 20세 미만이라면 안경을 쓴 20세 이상 남자는 10명으로 추려진다. 10명 중에 3년이 채 안 된 회원이 8명이라고 가정하고 뺀다면 조건을 만족하는 회원 수는 적어도 2명 이상이다.

최대 아홉 줄을 만들 수 있다.

첫 번째 방법

두 번째 방법

 C

정사각형이 시계 방향으로 90°씩 회전한다. 정사각형 속의 검은색은 시계 방향으로 두 칸씩 움직인다.

 2,519명

 3A

가운데에 있어야 할 작은 원이 없다.

D

첫 번째 얼굴의 왼쪽 눈과 오른쪽 눈의 무늬를 합친 것이 두 번째 얼굴의 왼쪽 눈이다. 이 얼굴의 오른쪽 눈에는 새 무늬가 생긴다. 두 번째 얼굴의 오른쪽 눈이 세 번째 얼굴의 왼쪽 눈이 된다. 이 얼굴의 오른쪽 눈에는 새로운 무늬가 생긴다. 이를 반복한다.

집에 있는 시계는 디지털시계다. 숫자를 나타내는 한 선에 불이 들어오지 않았던 것이다.

6 ◀바로 이부분이 작동되지 않았다. 보이는 시간   보여야 할 시간

	보이는 시간	보여야 할 시간
8.55	5	5
8.56	6	6
8.58	6◀	8
8.59	5◀	9
9.00	ᴄ◀	0

729

5번 힌트를 통해 1번 대답이 거짓말인 것을 알 수 있다. 500보다 크고 제곱수이면서 동시에 세제곱수인 숫자는 729뿐이다.

문의 앞면에 '당기시오(PULL)'가, 뒷면에 '미시오(PUSH)'가 적혀 있다. 두 단어가 번갈아가며 나오고, 'PUSH'는 오른쪽부터 시작해서 좌우가 뒤바뀌어 보인다.

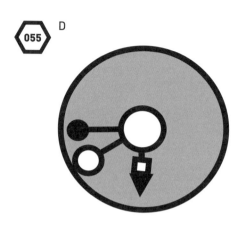

055 D

○━● 기호는 시계 방향으로 135° 씩 움직인다.

○━◻ 기호는 시계 방향으로 45° 씩 움직인다.

○━○ 기호는 시계 방향으로 90° 씩 움직인다.

○━► 기호는 시계 방향으로 180° 씩 움직인다.

056

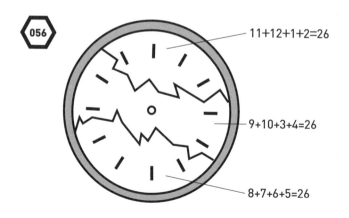

11+12+1+2=26

9+10+3+4=26

8+7+6+5=26

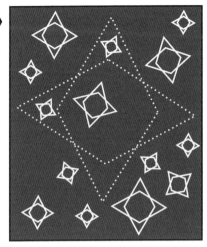

8번

8번 공중전화가 멀쩡했다면 상관은 7번까지에서 다섯 개가 수리 대상이라고 말했을 것이다.

A

가로줄의 왼쪽이나 세로줄의 윗줄부터 먼저 나오는 두 정사각형을 합친 것이 세 번째 정사각형이다. 단, 검은색 원 두 개가 겹치면 흰 색 원으로, 흰색 원 두 개가 겹치면 검은색 원으로 바뀐다.

아버지의 이름	딸의 이름	아버지의 나이	딸의 나이
존	앨리슨	52	20
케빈	다이애나	53	19
렌	베티	50	21
말콤	이브	54	18
닉	캐럴	51	17

061

B

원 안에서 맨 위에 있는 원은 점점 작아지고, 맨 아래에 있는 깃발 조각은 점점 길어지다가 처음 모양으로 돌아가 다시 길어질 것이다. 가운데에 있는 원은 점점 커진다. 물고기 몸통 모양의 기호는 오른쪽이 점점 짧아진다. 오른쪽 끝에 있는 원은 색깔이 번갈아가며 바뀐다.

062

앨프 머긴스

만약 범인이 잭 비셔스라면 앨프 머긴스와 짐 파운서의 말이 진실이 된다. 만약 시드 시프티가 진범이라면 나머지 세 사람 모두 진실을 말한 셈이 된다. 또, 짐 파운서가 사람을 죽였다면, 시드 시프티와 앨프 머긴스가 사실을 말한 것이다. 그러므로 진짜 범인은 앨프 머긴스이고 진실을 말한 사람은 짐 파운서다.

063

C

정사각형과 원이 서로 바뀌고, 안에 있는 무늬들은 사다리꼴과 잘린 부채꼴 모양이 서로 바뀐다. 무늬는 움직이지 않고 회색이 검은색으로, 검은색이 회색으로 바뀐다.

찰리는 손수건을 문 아래에 깔고 문의 건너편에 서 있었다.

 B
가로줄의 왼쪽이나 세로줄의 윗줄부터 먼저 나오는 타일 두 개의 무늬를 합친 것이 세 번째 타일이다. 단, 겹치는 무늬는 그리지 않는다.

 두 조각

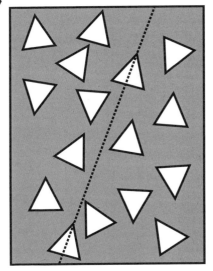

067

운전기사는 과태료를 냈다. 비둘기가 날갯짓을 하더라도 짐칸의 무게는 변함이 없다. 날갯짓을 할 때 비둘기의 무게만큼 공기를 아래로 보내기 때문이다.

068

E

각 무늬는 바로 아랫줄의 두 무늬와 연관되어 있고, 아래에 나오는 공식에 따라 만들어진다. 또, 붙어 있는 두 줄에는 같은 무늬가 없다. 따라서 물음표에 들어갈 무늬는 새로운 무늬여야 한다.

069

A

두 막대의 가운데 칸을 겹친 것이 도형 X 모양이고, 두 막대의 위쪽 칸만 겹친 것이 부메랑 모양이다. X 모양과 부메랑 모양을 바꾼 다음에 무늬의 회색을 검은색으로, 검은색을 회색으로 바꾸는 것이 규칙이다.

070

20

10에서 시작해 시계 방향으로 진행한다. 한 칸씩 건너뛰면서 1, 2, 3 4, 5의 순서로 숫자를 더한다.

071 E

삼각형 네 개가 축 위에서 시계 방향으로 아래 화살표와 번호를 따라 움직인다.

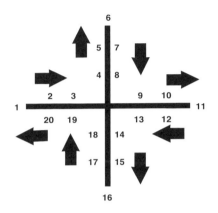

072 44마리

다리가 네 개인 허스키가 28마리, 다리가 두 개인 펭귄이 44마리가 있을 때, 동물은 총 72마리, 다리는 총 200개가 된다.

073 B

첫 번째 도형은 직사각형 세 개가 나란히 붙은 것이다. 두 번째 도형은 첫 번째 직사각형과 두 번째 직사각형이 겹쳐진 것이다. 세 번째 도형은 첫 번째 직사각형과 세 번째 직사각형이 겹쳐진 것이다. 첫 번째 직사각형이 한 번에 한 칸씩 오른쪽으로 이동하는 규칙이다. 세 직사각형이 다시 일렬로 배열된 후에 제일 왼쪽에 있는 직사각형이 첫 번째 직사각형이 되어 이 규칙을 반복한다.

074 **4분의 3**

가능한 조합은 검은색-검은색, 흰색-검은색, 검은색-흰색, 흰색-흰색 이렇게 4가지다. 따라서 검은색 공을 한 개 이상 꺼낼 확률은 4분의 3이다.

075 대령의 점수는 200(60, 60, 40, 40), 소령의 점수는 240(60, 60, 60, 60), 장군의 점수는 180(60, 40, 40, 40)이다. 대령의 첫 번째 말이, 소령의 세 번째 말이, 장군의 세 번째 말이 거짓말이었다.

076 문자들을 왼쪽이나 오른쪽에서 거울에 비추어 보면 2, 3, 4, 5가 보인다. 따라서 숫자 1이 와야 한다.

077 **E**

두 도형을 겹친 후에 중복된 선을 지우고 나머지 선만 남긴다.

078 **F**

가로줄의 왼쪽이나 세로줄의 윗줄부터 먼저 나오는 원 두 개의 무늬를 합친 것이 세 번째 원이다. 단, 겹치는 무늬는 그리지 않는다.

079 **27달러**

27달러는 5달러짜리 칩과 8달러짜리 칩만을 더해서 나올 수 없다.

A 방향

남자의 시선으로 출입문이 보이지 않기 때문에 출입문은 반대쪽에 있다. 즉 버스 뒤에 바로 보도가 있다. 미국은 우측통행이므로 버스는 A 방향으로 움직일 것이다.

J에는 4번, N에는 6번이 들어간다.

흰 칸이 오른쪽부터 하나씩 위나 아래로 움직인다. 단, 양쪽의 칸이 움직인 다음이나 중복되는 그림이 나올 차례에서는 이전에 움직인 칸의 반대 방향으로 제일 끝에 있는 칸부터 움직인다.

60°

꼭짓점 B와 C를 이어서 세 번째 선분 BC를 그으면 정육면체를 이루는 정사각형의 대각선을 변으로 하는 정삼각형이 그려진다.

D

사각형들이 겹쳐진 부분에 삼각형 네 개가 있어야 한다.

33

대각선으로 마주 보는 두 숫자를 곱한 뒤에 큰 값에서 작은 값을 뺀다. 그 숫자를 가운데 칸에 적는다. 13×5=65, 8×4=32이므로 65에서 32를 뺀 33이 물음표에 들어간다.

C

직각이 하나씩 늘어나는 규칙이다.

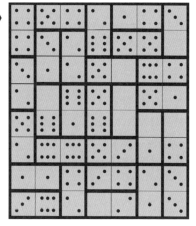

E
아랫줄부터 시작한다. 나란히 붙어 있는 두 육각형에서 중복되는
선을 없애고, 위쪽의 육각형에 나머지 선만 그린다.

E
나머지 도형들은 180° 회전을 하더라도 원래의 도형과 같다.

24
원의 위쪽, 오른쪽에 있는 숫자 두 개를 더해 5로 나눈 것이 왼쪽에
있는 숫자다.

D

아랫줄부터 시작한다. 나란히 붙어 있는 두 원에서 중복되는 도형
을 없애고, 위쪽의 원에 나머지 도형만 그린다.

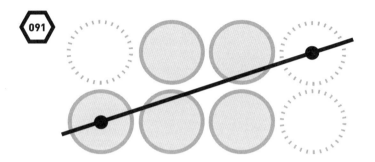

이름	반	과목	운동 종목
앨리스	6	수학	스쿼시
베티	2	생물학	육상
클라라	4	역사	수영
도리스	3	지리학	테니스
엘리자베스	5	화학	농구

093 C

094
네 사람의 맞은편 지점에 표시를 한 다음에 지점 두 개씩 짝을 지어 중점을 찾는다. 점이 하나만 남을 때까지 반복한다. 마지막에 찍는 곳이 다음 사람이 앉을 자리다. 몇 명이, 어디에 앉아 있든 같은 방법으로 답을 알 수 있다.

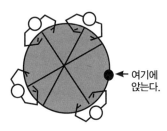

← 여기에 앉는다.

095

2, 7, 7, 8

왼쪽부터 빈칸에 7, 7, 2, 8 혹은 7, 7, 8, 2 순서로 들어간다.

두 가지 규칙은 다음과 같다.

1. 같은 숫자가 인접하지 않도록 배열해야 한다.

2. 격자에 1이 한 개, 2가 두 개, 3이 세 개, 4가 네 개, 5가 다섯 개, 6이 여섯 개, 7이 일곱 개, 8이 여덟 개가 들어 있어야 한다.

096
삼각형의 가운데 숫자를 5로 나누면 위쪽 모서리의 숫자가 된다. 가운데 숫자의 십의 자리 수와 일의 자리 수를 더하면 왼쪽 모서리의 숫자가 된다. 마지막으로 가운데 숫자의 십의 자리 수와 일의 자리 수를 서로 바꾼 다음, 그 숫자를 3으로 나누면 오른쪽 모서리의 숫자가 된다.

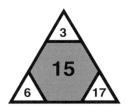

097

B

격자 안에 여덟 가지 무늬가 들어 있다. 위에서부터 첫 번째 줄의 두 가지 무늬는 두 번째 격자부터 서로 위치를 바꾸고, 두 번째 줄의 두 가지 무늬는 세 번째 격자부터 서로 위치를 바꾼다. 세 번째 줄의 두 가지 무늬는 네 번째 격자부터 서로 위치를 바꾼다. 이 규칙에 따라서 네 번째 줄의 두 가지 무늬는 다섯 번째 격자부터 서로 위치를 바꿀 것이다.

098

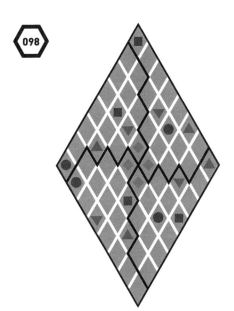

수조를 옆으로 기울인다. 수면이 정사각형의 대각선과 일치하면 물은 수조의 절반이다.

이름	생산 연도	시트커버	차의 색깔
찰리	1995	연황색	초록색
짐	1992	가죽	흰색
빌	1994	갈색	파란색
프레드	1993	타탄 무늬	검은색
해리	1991	줄무늬	빨간색

짐이 처음에 8달러를 가지고 있었다. 빌은 게임 10번을 모두 이기더라도 8달러보다 많이 벌 수 없다. 반면에 짐이 모든 내기를 연달아 이긴다면 8달러, 12달러, 18달러, 27달러…의 순서로 돈을 얻을 수 있다. 짐이 빌보다 더 많이 이기긴 했지만 그 차이가 두 번밖에 나지 않아서 짐은 많은 돈을 벌 수 없었다. 이 상황에서는 이기고 지는 순서에 관계없이 결과가 항상 같다.

차례	짐의 승패 결과	짐에게 남은 돈
1	이긴다	12달러
2	진다	6달러
3	진다	3달러
4	이긴다	4.5달러
5	이긴다	6.75달러
6	진다	3.38달러
7	이긴다	5.07달러
8	이긴다	7.6달러
9	이긴다	11.4달러
10	진다	5.7달러

27층

D
점 하나는 원 속에, 다른 점 하나는 삼각형과 사각형이 겹치는 부분에 있어야 한다.

104 우선 밧줄 한쪽 끝을 육지의 나무에 묶은 다음 호수를 한바퀴 돌아 섬에 있는 나무에 밧줄을 건다. 밧줄을 묶은 나무에 도착하면 밧줄의 나머지 부분을 그 나무에 묶는다. 묶은 밧줄에 매달려 섬으로 건너가면 된다.

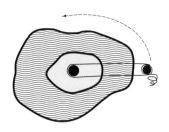

105 3번 주사위

106 남자는 1달러 지폐를 내려놓았고, 다음 손님은 25센트 동전 세 개, 10센트 동전 두 개, 5센트 동전 한 개를 내려놓았다. 손님이 기본 맥주를 원했다면 동전을 90센트만 내려놓았을 것이다.

107

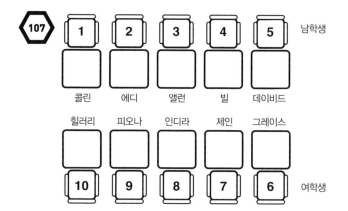

108 2A
'A'의 삼각형이 작아졌고, '2'의 도형 속 검은 점의 위치가 다르다.

109 A
분침은 10분, 20분, 30분의 순서로 반시계 방향으로 움직이고 시침은 1시간, 2시간, 3시간의 순서로 시계 방향으로 움직인다.

110 E
나머지는 도형을 나눈 직선을 기준으로 대칭이다.

111 D
아랫줄부터 시작한다. 나란히 붙어 있는 두 원에서 중복되는 무늬를 위쪽의 원에 그린다. 단, 한 원에만 그려진 무늬는 그리지 않는다.

112 C
왼쪽 도형에서 안쪽에 있는 선을 바깥쪽으로 빼서 전체 도형을 둘러싼다. 바깥쪽으로 이동한 선을 제외한 나머지 선은 그대로 둔다.

113 12

72, 99, 27, 45, 18, 39…의 순서로, 지그재그 모양으로 진행된다. 첫 번째 숫자 72와 두 번째 숫자 99의 십의 자리 수, 일의 자리 수 인 7, 2, 9, 9를 더한 값인 27이 세 번째 원에 들어간다. 세 번째 숫자 27과 네 번째 숫자 45의 2, 7, 4, 5를 더한 값인 18이 다섯 번째 원에 들어간다. 이 규칙에 따라서 일곱 번째 숫자 21과 여덟 번째 숫자 36의 2, 1, 3, 6을 더한 값인 12가 물음표에 들어간다.

114 B

정사각형을 각각 A, B, C, D라 하면 트리오미노 세 개를 ABC, ABD, BCD로 표현할 수 있다. A~D 중 세 개의 정사각형으로 트리 오미노를 만드는 규칙이다. 트리오미노 조합 중에서 ACD조합이 빠져 있기 때문에 다음에 올 트리오미노는 A, C, D를 알파벳 순서 에 따라 배열한 B다.

A   B   C   D

8살, 3살, 3살

숫자 세 개를 곱해 72가 되는 조합은 아래와 같다.

72×1×1	9×8×1	12×3×2
36×2×1	6×6×2	18×2×2
18×4×1	8×3×3	6×3×4
9×4×2	12×6×1	3×24×1

이 조합대로 숫자 세 개를 더한 값은 아래와 같다.

74	18	17
39	14	22
23	14	13
15	19	28

통계청 직원은 14번지인 것을 알고도 아이들의 나이를 맞히지 못했다. 세 딸의 나이가 6살, 6살, 2살이거나 8살, 3살, 3살일 수도 있기 때문이다. 여자가 "큰딸"이라고 말했을 때 그제야 세 딸의 나이가 8살, 3살, 3살인 걸 확신한 것이다.

 달마티안의 이름은 빌이 키우는 '앤디'와 콜린이 키우는 '도날드'다.

카터

네 명 중에 드로버만 진실을 말했을 때, 모두의 직업이 명확해진다. 나머지 세 명이 거짓말한 것이므로 카터가 목동이다.

118

이름	국적	새	별명
앨버트	벨기에	부엉이	총총이
로저	프랑스	까마귀	심술이
해럴드	독일	큰까마귀	까칠이
캐머런	스코틀랜드	물떼새	펄럭이
에드워드	잉글랜드	찌르레기	웅얼이

119

주부의 이름	주부의 성	방	물건
카일리	딩글	온실	컴퓨터
에이미	윌리엄스	침실	텔레비전
클라라	그리그스	거실	오디오
록산느	심슨	부엌	전화기
미셸	프링글	서재	책장

120

나무	느릅나무	물푸레나무	너도밤나무	라임나무	포플러나무
회원	빌	짐	토니	실베스터	데스먼드
클럽	스쿼시	골프	테니스	볼링	축구
새	부엉이	지빠귀	까마귀	참새	찌르레기
연도	1970	1971	1972	1973	1974

121

17명

외계인들의 손가락 개수의 총합이 240개라고 가정하면 20명이 12개씩 혹은 12명이 20개씩 가질 수 있으므로 1번 조건에 위배된다. 즉, 인수가 1, 제곱근, 자기 자신으로 이루어진 숫자여야 한다. 각 외계인의 손가락 개수가 1이거나 자기 자신일 때는 2번, 3번 조건에 위배된다. 4번 조건에 따라 17을 제곱근으로 갖는 289가 모든 조건에 맞는다. 따라서 방 안에는 손가락이 17개인 외계인이 17명 있다.

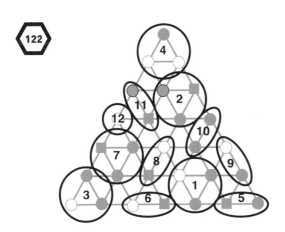

123 450m

124 스펜서가 돈보다 세 그루를 더 다듬었다.

125 던롭 부인, 바커 부인, 콜린스, 앤드루스, 콜린스 부인, 던롭, 앤드루스 부인, 바커

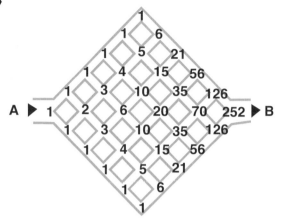

```
              1
           1     6
        1     5     21
     1     4    15      56
   1    3    10    35     126
A ▶ 1   2    6    20    70    252 ▶ B
   1    3    10    35     126
     1     4    15      56
        1     5     21
           1     6
              1
```

127 15

128 연속된 두 숫자가 가로, 세로, 대각선으로든 일직선으로 있으면 안
된다는 규칙에 따라서 숫자들이 적혀 있다.

2	14	10	7
9	6	1	4
16	3	13	11
12	8	5	15

A

각 정육각형 안에 삼각형 여섯 개가 있다. 단, 삼각형의 한 변이 정
육각형의 한 변에 닿아 있어야 한다. 각 삼각형의 높이는 아래 그
림처럼 한 단계씩 진행될 때마다 정육각형 높이의 4분의 1씩 높아
진다.

49m

A=9m, B=8m, C=8m, D=6m, E=6m, F=4m, G=4m, H=2m, I=2m

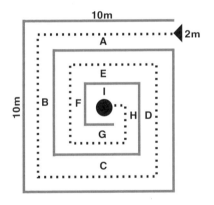

세 조각 중에서 짧은 조각 두 개를 세로로 이었을 때, 그 길이가 가
장 긴 조각의 길이보다 길면 삼각형을 만들 수 있다.

해군의 이름	계급	군함	항구
퍼킨스	부사관	항공모함	몰타
워드	일병	순항함	포츠머스
매닝	중령	잠수함	포클랜드
듀허스트	보급관	구축함	지브롤터
브랜드	대령	전함	크레타

종족	나라	성격	보물
엘프	노르웨이	냉정하다	다이아몬드
고블린	웨일즈	단호하다	금
트롤	스코틀랜드	심술궂다	루비
레프러콘	아일랜드	뻔뻔하다	에메랄드
임프	잉글랜드	참을성이 없다	은

이름	나이	놀이기구	음식
샘	14	범퍼카	핫도그
조	11	롤러코스터	감자튀김
돈	12	회전목마	솜사탕
렌	15	악어열차	껌
론	13	후룸라이드	아이스크림

4, 7, 6, 1로 이루어진 네 자리 숫자는 모두 9와 3으로 나뉘기 때문에 답이 없다. 만약에 6을 거꾸로 뒤집어 9로 만든다면 4, 7, 9, 1로 이루어진 숫자는 3으로 나누어떨어지지만 9로는 나누어떨어지지 않는다. 패트릭이 낸 문제의 답은 구할 수 있지만 브루스 문제의 답은 구할 수 없다.

55명

사람들이 주장하는 자신의 소속	무리에 속한 사람의 수	사람들의 원래 소속	이날 바뀐 소속
사기당	30	박쥐당 30명	사기당 30명
박쥐당	15:15	사기당 15명	사기당 15명
		박쥐당 15명	박쥐당 15명
진지당	10:10:10	진지당 10명	진지당 10명
		사기당 10명	사기당 10명
		박쥐당 10명	진지당 10명

박쥐당원만이 자신이 사기당원이라고 주장할 수 있다. 진지당원이 그렇게 말했다면 거짓말을 한 셈이고, 사기당원이 그랬다면 진실을 말한 셈이 되기 때문이다. 따라서 사기당원이라고 주장하는 무리의 사람들은 모두 박쥐당원일 수밖에 없으므로 30명 모두 같은 정당인 무리가 된다. 마찬가지로 사기당원과 박쥐당원만 자신이 박쥐당원이라고 말할 수 있으므로 박쥐당원이라고 주장하는 사람들은 두 정당의 사람들이 모인 무리가 되며, 구성원은 사기당원 15명과 박쥐당원 15명이다. 결과적으로 자신들이 진지당원이라고 주장하는 무리는 세 정당에서 10명씩 모인 무리가 된다. 따라서 오각형 집에 모일 사람은 55명이다.

각 플레이어가 주사위에 적은 숫자는 아래와 같다.

디아블로 6-1-8-6-1-8
스카페이스 7-5-3-7-5-3
럭키 2-9-4-2-9-4

디아블로와 스카페이스가 주사위를 던져 나오는 숫자 쌍은 6-7, 1-7, 8-7, 6-5, 1-5, 8-5, 6-3, 1-3, 8-3이다. 총 18번의 게임에서 디아블로가 10번은 이기고 8번은 진다.

스카페이스와 럭키의 대결에서는 나올 수 있는 패가 7-2, 5-2, 3-2, 7-9, 5-9, 3-9, 7 4, 5-4, 3-4이다. 총 18번의 게임에서 스카페이스가 10번은 이기고 8번은 진다.

럭키와 디아블로가 맞붙으면 2-6, 9-6, 4-6, 2-1, 9-1, 4-1, 2-8, 9-8, 4-8의 숫자쌍이 나온다. 총 18번의 게임에서 럭키가 10번은 이기고 8번은 진다.

A
앞에 있던 도형이 뒤로 이동하고, 뒤에 있던 도형은 앞으로 이동한다.

139 2, 5, 7, 10, 12, 15, 17

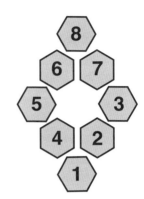

140 C
1번, 2번 그림을 합치면 3번 그림이 된다. 1번, 4번 그림을 합치면 5번 그림이 되는 규칙이다. 가장 위에 있는 육각형에는 3번, 5번, 6번, 7번 그림을 모두 합친 그림이 들어가야 한다.

141 **한 번만 사용하면 된다.**
첫 번째 주머니에서 금화 1개를 꺼내고, 두 번째 주머니에서 금화 2개를 꺼내고, 세 번째 주머니에서 금화 3개를 꺼내 총 6개의 금화를 저울에 올린다. 만약 첫 번째 주머니의 금화가 가짜였다면 무게가 305그램일 것이다. 같은 원리로 두 번째 주머니의 금화가 가짜였다면 무게가 310그램이 되고, 세 번째 주머니의 금화가 가짜였다면 무게가 315그램이 된다.

142 $7^2 = 49$
6을 뒤집어 9로 바꾸고 2를 지수로 올린다.

143

첫 번째 표 : 480, 2268, 2688, 768
두 번째 표 : 16, 657, 162, 72

첫 번째 표의 첫 번째 줄에서 7×4×8×8×2=3584이라는 규칙을 찾을 수 있다. 같은 규칙에 따라 마지막 칸의 숫자는 3×5×8×4=480이다. 두 번째 줄의 빈칸에 2268이, 세 번째 줄에는 2688과 768이 들어가야 한다.

두 번째 표의 첫 번째 줄에서는 58×2=116이라는 규칙을 찾을 수 있다. 같은 식으로 16×1=16이므로 16을 마지막 칸에 적는다. 두 번째 줄의 빈칸에 657이, 세 번째 줄에는 162와 72가 들어간다.

144

이름	과목
앤	대수학, 역사, 프랑스어, 일본어
캔디스	물리학, 대수학, 영어, 역사
베스	물리학, 영어, 프랑스어, 일본어

145

두 번째 방법

언뜻 보기에는 첫 번째 제안이 더 유리해 보이지만 사실은 그렇지 않다. 6개월 단위로 계산을 해보자.

1. 12개월마다 500달러씩 더 받는 제안

　1년차) 1만 달러 + 1만 달러 = 2만 달러

　2년차) 1만 250달러 + 1만 250달러 = 2만 500달러

　3년차) 1만 500달러 + 1만 500달러 = 2만 1000달러

　4년차) 1만 750달러 + 1만 750달러 = 2만 1500달러

2. 6개월마다 125달러씩 더 받는 제안

1년차) 1만 달러 + 1만 125달러 = 2만 125달러

2년차) 1만 250달러 + 1만 375달러 = 2만 625달러

3년차) 1만 500달러 + 1만 625달러 = 2만 1125달러

4년차) 1만 750달러 + 1만 875달러 = 2만 1625달러

머스터드 소령

총점이 71점이 되는 숫자 조합은 아래와 같다.

1) 25, 20, 20, 3, 2, 1

2) 25, 20, 10, 10, 5, 1

3) 50, 10, 5, 3, 2, 1

케첩 대령이 처음 두 발로 22점을 쐈으므로 첫 번째 조합이 대령의 점수다. 머스터드 소령이 첫 발에 3점을 맞췄다고 했으므로 마지막 조합은 소령의 점수다. 따라서 50점을 맞춘 사람은 머스터드 소령이다.

29마리

40갤런짜리 술통

첫 번째 손님은 30갤런, 36갤런의 와인 두 통을 골라 66갤런을 샀다. 두 번째 손님은 32갤런, 38갤런, 62갤런의 와인 세 통을 골라 총 132갤런을 구매했다. 남은 것은 40갤런 통으로 맥주가 담겨 있다.

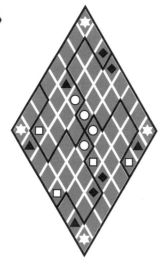

 칸의 수가 짝수인 216개이므로 정중앙 칸이 존재하지 않는다. 따라서 쥐를 이동시킬 수 없다.

나는 혹시 천재가 아닐까?

이 책이 준비한 퍼즐들은 모두 재미있게 푸셨는지요? 퍼즐을 풀면서 페이지 번호 옆에 해결, 미해결 표시는 꼼꼼히 해두었겠지요. 여러분의 퍼즐 풀이 능력으로 천재 가능성을 평가해드립니다.

● 해결 문제 1~20개 : 쉬운 문제부터 도전해보세요.

당신은 수학이라면 끔찍이 싫어했고, 시험 때는 객관식 문제는 말할 것도 없고 주관식 문제마저 과감히 찍기를 시도했겠군요. 틀린 문제의 개수가 많다는 사실보다 당신을 더 슬프게 하는 것은 해답을 봐도 전혀 이해가 안되어 한숨만 나오는 상황입니다. 해결 문제가 1~20개라는 결과는, 수학 실력이 형편없어서가 아니라 아직 문제 해결의 실마리를 못 찾고 있다는 의미입니다. 우선은 조금만 고민하면 의외로 쉽게 풀 수 있는 문제부터 다시 도전해보기 바랍니다.

● 해결 문제 21~70개 : 커다란 호기심과 끈기로 똘똘 뭉친 사람이군요.

문제를 풀면서 당신은 손톱을 물어뜯고 있거나, 이마에 땀이 송골송골 맺

히거나, 미간에 주름이 생기고, 머리에서 김이 난다는 착각이 들었을 수도 있습니다. 몸에 이런 반응이 나타났는데도 문제를 계속 풀었다면, 당신은 호기심이 많고 대단한 끈기를 가진 사람입니다.

이 책에는 몇 가지 공통된 유형의 문제가 있습니다. 우선 한 유형씩 실마리를 찾아나가기 바랍니다. 실마리만 찾으면 숫자나 조건이 조금씩 바뀐 문제들은 아주 쉽게 풀 수 있습니다.

● 해결 문제 71~120개 : 당신의 천재성을 더욱 발전시키세요.

당신은 안 풀리는 한 문제 때문에 한 시간이고 두 시간이고 풀릴 때까지 매달리는 분이군요. 이제 틀린 문제 중심으로 분석해보기 바랍니다. 분명 특정 유형의 문제에 유난히 약한 자신을 발견할 것입니다.

수리력이 뛰어난 당신이라면, 다른 〈멘사 퍼즐 시리즈〉에서도 분명 좋은 결과를 얻을 것입니다. 당신이 가진 능력을 100% 끌어올릴 수 있는 방법을 찾아보세요.

● 해결 문제 121~150개 : 당신이 바로 50명 중 1명, IQ 상위 2%에 속하는 그분이셨군요.

지금 당장 멘사코리아 홈페이지(www.mensakorea.org)에서 테스트를 신청해보실 것을 권해드립니다.

지능지수 상위 2%의 영재는 과연 어떤 사람인가?

● 멘사는 천재 집단이 아니다

지능지수 상위 2%인 사람들의 모임 멘사. 멘사는 사람들이 호기심을 끊임없이 불러일으키고 있다. 때때로 매스컴이나 각종 신문과 잡지들이 멘사와 회원을 취재하고, 관심을 둔다. 대중의 관심은 대부분 멘사가 과연 '천재 집단'인가 아닌가에 몰려 있다.

정확히 말하면 멘사는 천재 집단이 아니다. 우리가 흔히 '천재'라는 칭호를 붙일 수 있는 사람은 아마도 수십만 명 중 하나, 혹은 수백만 명 중 첫손에 꼽히는 지적 능력을 가진 사람일 것이다. 그러나 멘사의 가입 기준은 공식적으로 지능지수 상위 2%, 즉 50명 중 한 명으로 되어 있다. 우리나라(남한)의 인구를 약 5,200만 명이라고 한다면 104만 명 정도가 그 기준에 포함될 것이다. 한 나라에 수십만 명의 천재가 있다는 것은 말이 안 된다. 그럼에도 불구하고 멘사를 향한 사람들의 관심은 끊이지 않는다. 멘사 회원 모두가 천재는 아니라 하더라도 멘사 회원 중에 진짜 천재가 있지 않을까 하고 생각한다. 멘사 회원에는 연예인도 있고, 대학 교수도 있고, 명문대 졸업생이나 재학생도 많지만 그렇다고 해서 '세상이 다 알 만한 천재'

가 있는 것은 아니다.

지난 시간 동안 멘사코리아는 끊임없이 새로운 회원들을 맞았다. 대부분 10대 후반과 20대 전후의 젊은이들이었다. 수줍음을 타는 조용한 사람들이 많았고 얼핏 보면 평범한 사람들이었다. 물론 조금 사귀어보면 멘사 회원 특유의 공통점을 발견할 수 있다. 무언가 한두 가지씩 몰두하는 취미가 있고, 어떤 부분에 대해서는 무척 깊은 지식이 있으며, 남들과는 조금 다른 생각을 하곤 한다. 하지만 멘사에 세상이 알 만한 천재가 있다고 말하긴 어려울 듯하다.

세상에는 우수한 사람들이 많이 있지만, 누가 과연 최고의 수재인가 천재인가 하는 것은 쉬운 문제가 아니다. 사람들에게는 여러 가지 재능이 있고, 그런 재능을 통해 자신을 드러내 보이는 사람도 많다. 하나의 기준으로 사람의 능력을 평가하여 일렬로 세우는 일은 그다지 현명하지 못하다. 천재의 기준은 시대와 나라에 따라 다르기 때문이다. 다양한 기준에 따른 천재를 한자리에 모두 모을 수는 없다. 그렇다고 강제로 하나의 단체에 묶을 수도 없다. 멘사는 그런 사람들의 모임이 아니다. 하지만 멘사 회원은 지능지수라는 쉽지 않은 기준을 통과한 사람들이란 점은 분명하다.

● 전투 수행 능력을 알아보기 위해 필요했던 지능검사

멘사는 상위 2%에 해당하는 지능지수를 회원 가입 조건으로 하고 있다. 지능지수만으로 어떤 사람의 능력을 절대적으로 평가할 수 없다는 것은 분명하다. 하지만 지능지수가 터무니없는 기준은 아니다.

지능지수의 역사는 100년이 넘어간다. 1869년 골턴(F. Galton)이 처음으로 머리 좋은 정도가 사람에 따라 다르다는 것을 과학적으로 연구하기 시작했다. 1901년에는 위슬러(Wissler)가 감각 변별력을 측정해서 지능의 상대적인 정도를 정해보려 했다. 감각이 예민해서 차이점을 빨리 알아내는 사람은 아마도 머리가 좋을 것이라고 생각했던 것이다. 그러나 그런 감각과 공부를 잘하거나 새로운 지식을 습득하는 능력 사이에는 상관관계가 없다고 밝혀졌다.

1906년 프랑스의 심리학자 비네(Binet)는 최초로 지능검사를 창안했다. 당시 프랑스는 교육 기관을 체계화하여 국가 경쟁력을 키우려고 했다. 그래서 국가가 지원하는 공립학교에서 가르칠 아이들을 선발하기 위해 비네의 지능검사를 사용했다.

이후 발생한 세계대전도 지능검사의 확산에 영향을 주었다. 전쟁에 참여하기 위해 전국에서 모여든 젊은이들에게 단기간의 훈련을 받게 한 후 살인무기인 총과 칼을 나눠주어야 했다. 이때 지능검사는 정신이상자나 정신지체자를 골라내는 데 나름대로 쓸모가 있었다. 미국의 스탠퍼드 대학에서 비네의 지능검사를 가져다가 발전시킨 것이 오늘날 스탠퍼드-비네(Stanford-Binet) 검사이며 전 세계적으로 많이 사용되는 지능검사 중 하나이다.

그리고 터먼(Terman)이 1916년에 처음으로 '지능지수'라는 용어를 만들었다. 우리가 '아이큐'(IQ: Intelligence Quotients)라 부르는 이 단어는 지능을 수치로 만들었다는 뜻인데 개념은 대단히 간단하다. 지능에 높고 낮음이 있다면 수치화하여 비교할 수 있다는 것이다. 평균값이 나오면, 평균값을 중심으로 비슷한 수치를 가진 사람을 묶어볼 수 있다. 한 학교 학생들의 키를 재서 평균을 구했더니 167.5cm가 되었다고 하자. 그리고 5cm 단위로 비슷한 키의 아이들을 묶어보자. 140cm 이하, 140cm 이상에서 145cm 미만, 140cm 이상에서 150cm 미만… 이런 식으로 나눠보면 평균값이 들어 있는 그룹(165cm 이상, 170cm 이하)이 가장 많다는 것을 알 수 있다. 그리고 양쪽 끝(145cm 이하인 사람들과 195cm 이상)은 가장 적거나 아예 없을 수도 있다. 이것을 통계학자들은 '정규분포'(정상적인 통계 분포)라고 부르며, 그래프를 그리면 종 모양처럼 보인다고 해서 '종형곡선'이라고 한다.

지능지수는 이런 통계적 특성을 거꾸로 만들어낸 것이다. 평균값을 무조건 100으로 정하고 평균보다 머리가 나쁘면 100 이하고, 좋으면 100 이상으로 나누는 것이다. 평균을 50으로 정했어도 상관없었을 것이다. 그렇게 했다고 하더라도 100점이 만점이 될 수는 없다. 사람의 머리가 얼마나 좋은지는 아직도 모르는 일이기 때문이다.

● '지식'이 아닌 '지적 잠재능력'을 측정하는 것이 지능검사

지능검사는 그 사람에게 있는 '지식'을 측정하는 것이 아니다. 지식을 측정하는 것이라면 지능검사가 학교 시험과 다를 바가 없을 것이다. 지능검사는 '지적 능력'을 평가하는 것이다. 지적 능력이란 무엇일까? 기억력(암기력), 계산력, 추리력, 이해력, 언어 능력 등이 모두 지적 능력이다. 지능검사가 측정하려는 것은 실제로는 '지적 능력'

이라기보다 '지적 잠재능력'일 것이다.

유명한 지능검사로는 앞서 이야기했던 스탠퍼드-비네 검사 외에도 '웩슬러 검사' '레이븐스 매트릭스'가 있다. 웩슬러 검사는 학교에서 많이 사용하는 것으로 나라별로 개발되어 있으며, 언어 영역과 비언어 영역을 나누어서 측정하도록 되어 있다. 레이븐스 매트릭스는 도형으로만 되어 있는 다지선다식 지필검사인데, 문화나 언어 차이가 없어 국가 간 지능 비교 연구에서 많이 사용되었다. 이외에도 지능검사는 수백 가지가 넘게 존재한다.

지능검사가 과연 객관적인지를 알아보기 위해 결과를 서로 비교하는 연구도 있다. 지능검사들 사이의 연관계수는 0.8 정도이다. 두 가지 지능검사 결과가 동일하게 나온다면 연관계수는 1이 될 것이고, 전혀 상관없이 나온다면 0이 된다. 0.8 이상의 연관계수가 나온다면 비교적 객관적인 검사로 본다. 웩슬러 검사는 표준 편차 15를 사용하고, 레이븐스 매트릭스는 24를 사용한다. 그래서 웩슬러 검사로 115는 레이븐스 매트릭스 검사의 148과 같은 지수이다. 멘사의 입회 기준은 상위 2%이고, 따라서 레이븐스 매트릭스로 148이며, 웩슬러 검사로 130이 기준이다. 학교에서 평가한 지능지수가 130이었다면, 멘사 시험에 도전해볼 만하다.

● 강요된 두뇌 계발은 득보다 실이 더 많다

'지적 능력'은 대체로 나이가 들수록 좋아진다. 어떤 능력은 나이가 들수록 오히려 나빠진다. 하지만 지식이 많고 공부를 많이 한 사람들, 훈련을 많이 한 사람들이 지능검사에서 뛰어난 능력을 보여준다. 그래서 지능지수는 그 사람의 실제 나이를 비교해서 평가하게되어 있다. 그 사람의 나이와 비교해 현재 발달되어 있는 지적 능력을 측정한 것이 지능지수이다. 우리가 흔히 '신동'이라고 부르는 아이들도 세상에서 가장 우수하다기보다는 '아주 어린 나이에도 불구하고 보여주고 있는 능력이 대단하다'는 의미로 받아들여야 한다. 세 살에 영어책을 줄줄 읽는다든가, 열 살도 안 된 아이가 미적분을 풀었다든가 하는 것도 마찬가지이다.

'지적 잠재능력'은 3세 이전에 거의 결정된다고 본다. 지적 잠재능력이란 지적 능력이 발달하는 속도로 볼 수 있다. 혹은 장차 그 사람이 어느 정도의 '지적 능력'을 지닐 것인가 미루어 평가해보는 것이다. 지능검사에서 측정하려는 것은 '잠재능력'이지 이미 개발된 '지능'이 아니다. 3세 이전에 뇌세포와 신경 구조는 거의 다 만들어지기 때문에 지적 잠재능력은 80% 이상 완성되며, 14세 이후에는 거의 변하지 않는다는 것이 많은 학자들의 의견이다.

조기 교육을 주장하는 사람들은 흔히 3세 이후면 너무 늦다고 한다. 하지만 3세 이전의 유아에게 어떤 자극을 주어 두뇌를 좋게 계발한다는 생각은 아주 잘못된 것이다. 태교에 대한 이야기 중에도 믿기 어려운 것이 너무 많다. 두뇌 생리를 잘 발육하도록 하는 것은 '지적인 자극'이 아니다. 어설픈 두뇌 자극은 오히려 아이에게 심각한 정신적·육체적 손상을 줄 수도 있다. 이 시기에는 '촉진'하기보다는 '보호'하는 것이 훨씬 중요하다. 태아나 유아의 두뇌 발달에 해로운 질병 감염, 오염 물질 노출, 소음이나 지나친 자극에 의한 스트레스로부터 아이를 보호해야 한다.

한때, 젖도 안 뗀 유아에게 플래시 카드(외국어, 도형, 기호 등을 매우 빠른 속도로 보여주며 아이의 잠재 심리에 각인시키는 교육 도구)를 보여주는 교육이 유행했다. 이 카드는 장애를 가지고 있어 정상적인 의사소통이 불가능한 아이들의 교정 치료용으로 개발된 것으로 정상아에게 도움이 되는지 확인된 바 없다. 오히려 교육을 받은 일부 아동들에게는 원형탈모증 같은 부작용이 발생했다. 두뇌 생리 발육의 핵심은 오염되지 않은 공기와 물, 균형 잡힌 식사, 편안한 상태, 부모와의 자연스럽고 기분 좋은 스킨십이다. 강요된 두뇌 계발은 얻는 것보다는 잃는 것이 더 많다.

●왜 많은 신동들이 나이 들면 평범해지는가

지적 능력도 키가 자라나는 것처럼 일정한 속도로 발달하지 않는다. 집중적으로 빨리 자라나는 때가 있다. 아이들은 불과 몇 개월 사이에 키가 10cm 이상 자라기도 한다. 사람들의 지능도 마찬가지다. 아주 어린 나이에 매우 빠른 발전을 보이는 사람이 나이가 들어가며 발달 속도가 느려지기도 한다. 반면, 아주 나이가 들어서 갑자기 지능 발달이 빨라지는 사람도 있다. 신동들은 매우 큰 잠재력을 가진 것이 분명하지만, 빠른 발달이 평생 계속되는 것은 아니다. 나이가 어릴수록 지능 발달 속도는 사람마다 큰 차이를 보이지만, 이 차이는 성인이 되면서 점차 줄어든다. 그렇지만 처음 기대만큼의 성공은 아니어도 지능지수가 높은 아이는 적어도 지적인 활동에 있어서 우수함을 보여준다.

어떤 사람은 지능지수 자체를 불신한다. 그러나 그런 생각은 지나친 것이다. 지적 능력의 발달 속도에는 분명한 차이가 있다. 따라서 지능지수가 높은 아이들에게는 속도감 있는 학습 방법이 효과가 있다. 아이들이 자신의 두뇌 회전 속도와 지능 발달 속도에 잘 맞는 학습 습관을 들이면 자신의 잠재능력을 제대로 계발할 수 있다.

공부 잘하는 학생을 키우는 조건에는 주어진 '잠재능력' 그 자체보다는 그 학생에게 잘 맞는 '학습 습관'이 기여하는 바가 더 크다. 지능지수가 높다는 것은 그만큼 큰 잠재능력이 있다는 의미다. 그런 사람이 자신에게 잘 맞는 학습 습관을 계발하고 몸에 익힌다면 학업에서도 뛰어난 결과를 보일 것이다.

높은 지능지수가 곧 뛰어난 성적을 보장하지 않는다고 해도, 지능지수를 측정할 필요는 있다. 지능지수가 일정한 수준 이상이 되면, 일반인들과는 다른 어려움을 겪는다. 어떻게 생각하면 지능지수가 높다는 것은 지능의 발달 속도, 혹은 생각의 속도가 다른 사람들보다 빠른 것뿐이다. 많은 영재나 천재들이 단지 지능의 차이만 있음에도 불구하고 성격장애자나 이상성격자로 몰리고 있다. 실제로 그런 편견과 오해 속에 오랫동안 방치하면, 훌륭한 인재가 진짜 괴팍한 사람이 되기도 한다.

지능지수는 20세기 초에 국가 교육 대상자를 뽑고 군대에서 총을 나눠주지 못할 사람을 골라내거나 대포를 맡길 병사를 선택하는 수단이었다. 하지만 지금은 적당한 시기에 영재를 찾아내는 수단이 될 수 있다. 특별한 관리를 통해 영재들의 재능이 사장되는 일을 막을 수 있는 것이다.

● 평범한 생활에서 괴로운 영재들

일반적으로 지능지수 상위 2~3%의 아이들을 영재로 분류한다. 영재라고 해서 반드시 특별한 관리를 해주어야 하는 것은 아니다. 아주 특수한 영재임에도 불구하고 평범한 아이들과 잘 어울리고 무난히 자신의 재능을 계발하는 아이도 있다. 하지만 영재들 중 60~70%의 아이들은 어느 정도 나이가 되면, 학교생활이나 교우관계, 인간관계 등에서 다른 사람들이 느끼지 못하는 어려움을 겪는다. 학교생활이 시작되고 집단 수업에 참여하면서 이런 문제에 시달리는 영재아의 비율은 점점 많아진다.

초등학교 입학 전에 특별 관리가 필요한 초고도 지능아(지수 160 이상)는 3만 명 중 1명도 안 되지만(이론적으로는 3만 1,560명 중 1명), 초등학교만 되어도 고도 지능아(지수 140 이상은 약 260명 중 1명으로 우리나라 한 학년의 아동이 60만 명 정도 된다고 볼 때 2,300명 안팎)는 이미 어려움을 겪고 있다고 보아야 한다.

중학생이 되면 영재아(지수 130 이상으로 약 43명 중 1명) 중 3분의 1인 6,000명 정도가 학교생활에서 고통받고 있다고 보아야 한다. 고등학생이 되면 학교생활에서 어려움을 느끼는 비율은 60%인 8,400명 정도가 될 것이다.

그런데 이것은 확률 문제로 영재아라고 해서 모두 고통을 받는 것은 아니다. 단지 그럴 가능성이 높다는 뜻이다. 예외 없이 영재아가 모두 그랬다면, 이미 개선 방법이 나왔을 것이다. 게다가 여기에 한 가지 문제가 덧붙여지고 있다. 모든 국가 아이들의 평균 지능지수는 해마다 점점 높아진다. '플린'이라는 학자가 수십 년간의 연구로 확인한 결과 선진국과 후진국 모두에서 이런 현상을 찾아볼 수 있다. 영재들의 학교생활 부적응 문제는 20세기 중반까지 전체 학생의 2% 이하인 소수 아이들(우리나라의 경우 매년 1만 명 안팎)의 문제였지만, 아이들의 지능 발달이 빨라지면서 점점 많은 아이들의 문제가 되어가고 있다. 이 아이들의 어려움은 부모와 교사들 사이의 갈등으로 번질 수도 있다. 하지만 해결 방법이 전혀 없는 것은 아니다. 아이들의 지적 잠재능력에 맞는 새로운 교육 방법이 나와야만 하는 이유가 그것이다.

지능지수와 관련하여 학교생활에서 어려움을 겪는 정도가 심한 아이들의 비율과 기준은 대략 다음과 같다.

학년	지능지수	비율(%)	학생 60만 명당(명)
미취학(유치원)	169	0.003	20
초등학교	140	0.4	2,300
중학교	135	1	6,000
고등학교	133	1.4	8,400

미취학 어린이들이나 초등학생들을 위한 영재 교육원은 넘쳐 나지만, 중고등학생을 위한 영재 교육 시설은 별로 없다. 현재의 교육 제도가 영재들에게는 큰 도움이 되지 않는 것이다. 특수 목적고나

과학 영재학교 등은 영재아들이 겪는 문제를 도와주지 못한다. 이런 학교들은 엘리트 양성 기관으로 학교생활에 잘 적응하는 수재들에게 적합한 학교들이다.

미국의 통계를 보면, 학교생활에서 우수한 성적을 거두는 아이들은 지수 115(상위 15%)에서 125(상위 5%) 사이에 드는 아이들이다. 학계에서는 이런 범위를 '최적 지능지수'라고 말한다. 이런 아이들은 수치로 보면 대체로 10명 중 하나가 되는데 엘리트 교육 기관은 이런 아이들의 차지가 된다. 물론 이들 사이에서도 치열한 경쟁이 일어나고 있다. 이런 경쟁 속에서 작은 차이가 합격·불합격을 결정한다. 이 경쟁에서 이긴 아이는 지적 능력뿐 아니라, 학습 습관, 집안의 뒷받침, 경쟁에 강한 성격, 성취동기 등 모든 면에서 균형 잡힌 아이들이라 할 수 있다.

영재 아이들 중에도 예외적으로 학교생활에 적응했거나 매우 강한 성취동기를 가진 아이들이 엘리트 학교에 입학하기도 한다. 하지만 영재아는 그 이후 학교 적응에 어려움을 겪기도 한다. 기질적으로 영재아는 엘리트 교육 기관의 교육 문화와 충돌할 위험성이 높다. 최적 지능지수를 가진 수재들은 학업을 소화해내는 데 큰 어려움을 느끼지 못하며, 또래 친구들과 어울리는 데에도 어려움이 없다. 물론 이런 아이들도 입시 경쟁에 내몰리고 학교, 교사, 부모로부터 강한 압력을 받으면 고통스러워하지만 그 정도는 비교적 약하며 곧잘 극복해낸다.

영재아는 감수성이 예민한 편이다. 그래서 교사나 학교가 어린 학생들을 다루는 태도에 큰 상처를 받기도 한다. 또한 이들은 어휘력이 뛰어난 편이다. 뛰어난 어휘력이 오히려 영재아 자신을 고립시킬 수 있다. 또래 아이들이 쓰지 않거나 이해하지 못하는 단어를 자꾸 쓰다보면 반감을 일으킨다. '잘난 체한다' '어른인 척한다' 등의 말을 듣기도 한다. 반대로 교사가 아이들에게 이해하기 쉽도록 이야기하면, 영재아는 오히려 답답해하며 괴로워하기도 한다. 이런 영재아의 태도에 교사는 불편함을 느낀다.

대체로 또래 아이들과 어울릴 수 있는 부분이 학년이 올라갈수록 적어지기 때문에 영재아는 심한 고립감을 느낀다. 자기에게 흥미를 주는 것들은 또래 아이들이 이해하기에는 너무 어렵고, 또래 아이들이 즐기는 것들은 지나치게 유치하고 단순하게 느껴진다. 그렇다고 해서 성인이나 학년이 높은 형, 누나, 오빠, 언니들과 어울리는 것도 자연스럽지 않다. 대체로 영재아는 내성적이고 책이나 특별한 소일거리에 매달리는 경향이 많다. 또 자존심이 강하고 나이에 걸맞지 않은 사회 문제나 인류 평화와 같은 거대 담론에 관심을 보이기도 한다.

지능지수로 상위 2~3%에 속하는 영재들은 오히려 학업 성적이 부진할 수 있다. 미국 통계에 의하면 영재들 중 반 이상이 평균 이하의 성적을 거두는 것으로 나타났다. 나머지 반도 평균 이상이라는 뜻이지 최상위권에 속했다는 뜻은 아니다. 지능지수와 학업 성적은 대체로 비례 관계를 가진다. 즉, 지능지수가 높은 아이들이 성적도 우수하다. 하지만 최적 지능지수(115~125 사이)까지만 그렇다. 오히려 지능지수가 높은 그룹일수록 학업 부진에 빠지는 비율이 높아지는데 이런 현상을 '발산 현상'이라 부른다.

발산 현상은 지능지수에 대한 불신을 일으킨다. 고도 지능아의 경우, 거의 예외 없이 '머리는 좋다는 애가 성적은 왜 그래?'라는 말을 한두 번 이상 듣게 된다. 혹은 지능검사가 잘못되었다는 말도 듣는다. 영재아 혹은 고도 지능아 중에도 높은 학업 성적을 보이는 아이들이 있지만, 그 비율은 그리 많지 않다(대체로 10% 이하).

●영재와 수재의 특성을 모르는 데서 오는 영재 교육의 실패

영재는 실제로 있다. 영재는 조기 교육의 결과로 만들어진 가짜가 아니다. 영재는 평범한 아이들보다 5배에서 10배까지 학습 효율이 높고 배우는 속도가 빠르다. 영재는 제대로 배양하면 국가의 어떤 자원보다도 부가 가치가 크다. 사회는 점점 지식 사회로 가고 있다. 천연자원보다 현재 국가가 가진 생산시설이나 간접자본보다 점점 가치가 커지는 자원이 지식과 정보다. 영재는 지식과 정보를 처리하는 자질이 뛰어나다. 그럼에도 불구하고 각국은 영재 개발에 그다지 성공하지 못하고 있다.

1970년 미국에서 달라스 액버트라는 17세의 영재아가 자살하는 사건이 일어났다. 액버트의 부모는 영리했던 아이가 왜 자살에까지 이르렀는지 사무치는 회한으로 몸서리쳤다. 자신들이 좀 더 아이의 고민에 현명하게 대처했다면 이런 비극을 피할 수 있지 않았을까 생각하며 전문가들을 찾아 나섰다. 그러나 영재아의 사춘기를 도와줄 수 있는 프로그램은 어디에도 없다는 것을 알게 되었다. 액버트의 부모들은 사재를 털어 이 문제에 대한 답을 구하려 했고, 오하

이오 주립대학이 협조했다. 10년간의 노력을 토대로 1981년 미국의 유명한 토크쇼인 〈필 도나휴 쇼〉에 출연하여 그동안의 성과를 이야기했다. 프로그램이 방영되자, 미국 전역에서 2만 통의 편지가 쏟아졌다. 많은 영재아의 부모들이 똑같은 문제로 고민해왔던 것이다. 우리나라보다 훨씬 뛰어난 교육 제도가 있을 것이라고 생각되는 미국에서도 영재 교육은 의외로 발달하지 못한 상태였다. 아직도 미국 교육계는 영재 교육에 대한 만족스러운 해답을 내지 못하고 있다.

영재 교육의 실패는 수재와 영재들의 특성이 다르다는 것을 모르는 데서 비롯된다. 평범한 학생들과 수재들은 수업을 함께 받을 수 있지만, 수재와 영재 사이의 거리는 훨씬 더 크다. 그 차이는 그저 참을 만한 수준이 아니다. 생각의 속도가 30%, 50% 정도 다른 경우 빠른 사람이 조금 기다려주면 되지만 200%, 300% 이상 차이가 나면 그건 큰 고통이다. 하지만 영재는 소수에 불과하기 때문에 흔히 '성격이 나쁜' '모난' '자만심이 가득 찬' 아이처럼 보인다.

영재를 월반시킨다고 문제가 해결되지는 않는다. 1~2년 정도 월반시켜봐야 학습 속도가 적당하지도 않을뿐더러, 아무리 영재라도 체구가 작고, 정서적으로는 어린아이에 불과하기 때문에 또 다른 문제가 일어난다.

그렇다고 영재들만을 모아놓는다고 해서 해결되지도 않는다. 같은 영재라도 지수 130 정도의 영재아와 고도 지능아(지수 140 이상), 초고도 지능아(지수 160 이상)는 서로 학습 속도가 다르다. 또 일반 학교나 엘리트 학교에서처럼 경쟁을 통한 학습 유도는 부작용이 너무 크다. 오히려 더 큰 스트레스를 유발하고 학습에 대한 거부

감을 강화할 수 있다. 영재아에게 절실히 필요한 교육은 자신들보다 생각하는 속도가 느린 사람들과 어울려 사는 법을 익히는 것이다. 하지만 정서적으로 어린 학생들을 배려할 수 있으면서 지식 수준이 높은 영재아의 호기심에 대응할 수 있는 교사를 구하는 것은 어렵고, 교재를 개발하는 데 드는 비용 역시 막대하다.

●영재 교육 문제의 해답은 영재아에게 있다

그렇다면 영재 교육은 어떻게 해야만 하는가? 사실 영재 교육 문제의 해답은 영재아에게 있다. 영재들에게는 스스로 진도를 정하고, 학습 목표를 정할 수 있는 자율 학습의 공간을 마련해주어야 한다. 개인별 학습 진도가 주어져야 하고, 대학 수업처럼 좀 더 폭넓은 학과 선택권이 주어져야 한다. 학과 공부보다는 체력 단련, 대인 관계 계발, 예능 훈련에 좀 더 많은 프로그램을 제공해야 한다.

빠른 지적 발달에 비해 상대적으로 미숙한 영재아의 정서 문제를 해결한다면 많은 성과를 기대할 수 있다. 지적 발달과 정서 발달 사이의 속도 차이가 큰 만큼 주변의 또래뿐만 아니라 어른들도 혼란을 느낀다. 영재아가 정서적인 면에서도 좀 더 빨리 성숙해지면, 아이는 자신감을 가지고 지적 능력을 발전시킬 수 있다. 자신이 지적 능력을 발휘할 수 있는 적절한 목표를 발견하면 영재아는 정말 놀라운 능력을 보일 것이다. 외국어 분야는 영재아에게 아주 좋은 도전 목표가 될 수 있다. 뛰어난 외국어 전문가는 많으면 많을수록 좋다. 공정하고 유능한 법관이 될 수도 있을 것이다. 짧은 시간과 제한된 자료를 가지고도 사건을 머릿속에서 재구성하여 증언과 주장의 모순을 찾아내거나, 혹은 일관성이 있는지 판단할 수 있는 법관이 많다면 세상에는 억울한 일이 좀 더 줄어들 것이다. 미술, 음악, 무용, 문학 같은 예술 분야와 다양한 스포츠 분야는 영재들에게 활동할 무대를 넓혀줄 것이다. 창조적인 예술인이나 뛰어난 운동선수가 많을수록 국가에는 이익이 될 것이다.

영재아라 하더라도 학교생활과 친구 관계가 원만한 아이는 얼마든지 있다. 하지만 학년이 올라가고 지적 능력이 급격하게 발달하는 사춘기를 거치면, 자신의 기질이 다른 사람들과는 많이 다르다는 것을 느끼는 시기가 온다. 이때 멘사는 자신과 잘 어울릴 수 있는 새로운 친구들을 만날 수 있는 통로가 될 수 있다. 영재아는 적은 노력으로 지적 능력을 키워갈 수 있다. 그렇지만 지적 능력을 계발하는 과정이 마냥 즐겁고 재미있을 수는 없다. 친구들과 함께라면 어려운 일도 이겨낼 수 있지만, 혼자 하는 연습은 고통스럽고 지루한 법이다.

지형범

멘사코리아

주소: 서울시 서초구 언남9길 7-11, 5층

전화: 02-6341-3177

E-mail: admin@mensakorea.org

—

옮긴이 최가영

서울대학교 약학대학원 졸업 후 동대학 및 제약회사에서 연구원으로 근무했다. 현재 번역에이전시 엔터스코리아에서 의학 분야 출판 기획 및 전문 번역가로 활동 중이다. 옮긴 책으로는 《다빈치 추리 파일》《더 완벽하지 않아도 괜찮아 : 끝임없는 강박사고와 행동에서 벗어나기》《과학자들의 대결 : 하얀 실험 가운 뒤에 숨어 있는 천재들의 뒷이야기》외 다수가 있다.

멘사 논리 퍼즐
IQ 148을 위한

1판 1쇄 펴낸 날 2017년 4월 10일

1판 4쇄 펴낸 날 2021년 1월 20일

지은이 | 필립 카터, 켄 러셀

옮긴이 | 최가영

펴낸이 | 박윤태

펴낸곳 | 보누스

등   록 | 2001년 8월 17일 제313-2002-179호

주   소 | 서울시 마포구 동교로12안길 31 보누스 4층

전   화 | 02-333-3114

팩   스 | 02-3143-3254

E-mail | bonus@bonusbook.co.kr

ISBN 978-89-6494-284-0 04410

*이 책은 《멘사 논리 퍼즐》의 개정판입니다.

• 책값은 뒤표지에 있습니다.

• 이 도서의 국립중앙도서관 출판예정도서목록(CIP)은 서지정보유통지원시스템 홈페이지
  (http://seoji.nl.go.kr)와 국가자료공동목록시스템(http://www.nl.go.kr/kolisnet)에서 이용하실 수 있습니다.
  (CIP제어번호: CIP2017008116)

IQ 148을 위한
MENSA PUZZLE SERIES

멘사의 핵심 멤버들이 만든
멘사 공인 퍼즐

★★★★★

멘사 논리 퍼즐
필립 카터 외 지음 | 7,900원

멘사 문제해결력 퍼즐
존 브렘너 지음 | 7,900원

멘사 사고력 퍼즐
켄 러셀 외 지음 | 7,900원

멘사 사고력 퍼즐 프리미어
존 브렘너 외 지음 | 7,900원

멘사 수리력 퍼즐
존 브렘너 지음 | 7,900원

멘사 수학 퍼즐
해럴드 게일 지음 | 7,900원

멘사 수학 퍼즐 디스커버리
데이브 채턴 외 지음 | 7,900원

멘사 수학 퍼즐 프리미어
피터 그라바추크 지음 | 7,900원

멘사 시각 퍼즐
존 브렘너 외 지음 | 7,900원

멘사 아이큐 테스트
해럴드 게일 외 지음 | 7,900원

멘사 아이큐 테스트 실전편
조세핀 풀턴 지음 | 8,900원

멘사 추리 퍼즐 1
데이브 채턴 외 지음 | 7,900원

멘사 추리 퍼즐 2
폴 슬론 외 지음 | 7,900원

멘사 추리 퍼즐 3
폴 슬론 외 지음 | 7,900원

멘사 추리 퍼즐 4
폴 슬론 외 지음 | 7,900원

멘사 탐구력 퍼즐
로버트 알렌 지음 | 7,900원

멘사코리아 논리 퍼즐
멘사코리아 퍼즐위원회 지음 | 7,900원

멘사코리아 수학 퍼즐
멘사코리아 퍼즐위원회 지음 | 7,900원